FORSCHUNGSBERICHTE
DES LANDES NORDRHEIN-WESTFALEN

Herausgegeben durch das Kultusministerium

Nr. 780

Prof. Dr. phil. Franz Wever
Dr.-Ing. Werner Lueg
Dr.-Ing. Paul Funke

Max-Planck-Institut für Eisenforschung, Düsseldorf

Untersuchung von Walzölen und Walzölemulsionen im Kaltwalzversuch

Als Manuskript gedruckt

WESTDEUTSCHER VERLAG / KÖLN UND OPLADEN

1959

ISBN 978-3-663-03808-5   ISBN 978-3-663-04997-5 (eBook)
DOI 10.1007/978-3-663-04997-5

Gliederung

1. Einführung .... S. 5
2. Versuchseinrichtung und Meßverfahren .... S. 7
3. Versuchswerkstoffe .... S. 8
   a. als Walzgut benutzter Bandstahl .... S. 8
   b. Schmierstoffe aus Grundölen und Zusätzen .... S. 8
   c. Schmierstoffe aus handelsüblichen Walzölen .... S. 11
4. Versuchsergebnisse beim Walzen mit Grundölen und Zusätzen .... S. 12
5. Auswertung und Erörterung der mit Grundölen erhaltenen Versuchsergebnisse .... S. 20
   a. Bewertung des Schmierstoffs nach der erreichbaren Enddicke .... S. 21
   b. Zunahme der Gesamtverformung, bezogen auf trockene Walzung .... S. 26
   c. Abschätzung des Reibungsbeiwertes im 1. Stich unter Berücksichtigung der Gerüstauffederung .... S. 27
   d. Zusammenhang zwischen Formänderungswiderstand und Formänderung .... S. 34
6. Versuchsergebnisse beim Walzen mit Emulsionen aus handelsüblichen Walzölen .... S. 37
   a. Grundsätzliches über Emulsionen und Emulgatoren .... S. 37
   b. Emulsionen zum Kaltwalzen .... S. 39
   c. Versuchsergebnisse .... S. 40
7. Auswertung und Erörterung der mit Emulsionen aus handelsüblichen Walzölen erhaltenen Versuchsergebnisse .. S. 53
   a. Schmierwirkung der untersuchten Walzölemulsionen .... S. 53
   b. Chemische und mikroskopische Untersuchung einiger Walzölemulsionen .... S. 57
8. Zusammenfassung .... S. 58

Literaturverzeichnis .... S. 60

1. Einführung

Die Anforderungen, die heute bei schnellaufenden Kaltwalzstraßen für Bandstahl an die zur Schmierung des Walzgutes verwendeten Walzöle gestellt werden, machen eine gründliche Erforschung des Reibungsvorganges im Walzspalt notwendig. Durch genaue Untersuchung aller Einflußgrößen, die durch Aufbau, Art und Zusammenstellung des Schmierstoffes und durch die Mischungsverhältnisse der Emulsionen gegeben sind, wird es in Zukunft möglich sein, gewisse Richtlinien für deren beste Zusammensetzung zu geben.

Die Aufmerksamkeit, die in der letzten Zeit von den Kaltwalzbetrieben diesem Fragenbereich geschenkt wird, hat in einer Reihe von betrieblichen Untersuchungen ihren Ausdruck gefunden. So prüfte H. PANNEK [1] eine Reihe von Walzölemulsionen und ihren Einfluß auf betriebliche Nebenerscheinungen wie Kühlwirkung, Rostbildung, Schmierrückstände, Schlammbildung und Neigung zum Fressen - Erscheinungen, die die Güte des Walzgutes entscheidend beeinflussen können. J. BILLIGMANN [2] gab an Hand umfangreicher betrieblicher Versuchsreihen einen Überblick über die Schmierwirkung verschiedener handelsüblicher Emulsionsöle. Als Maßstab für die Eignung der untersuchten Proben für das Kaltwalzen wurde die erreichbare geringste Banddicke und die dazu notwendige Stichzahl bei einer vorgegebenen Folge von Walzenanstellungen benutzt. Die erzielten Ergebnisse wurden mit den Kennzahlen für Wasser als schlechtestem und Palmöl als bestem Schmierstoff verglichen und gestatteten so das Einstufen in eine Schmierwirkungs-Wertzahlreihe. Daneben wurde bei einigen ausgewählten Proben der Einfluß der Emulsionskonzentration, der von Lieferung zu Lieferung schwankenden Ölzusammensetzung, der Benutzungsdauer der Emulsion und ihres Verhaltens in langsam oder schnelllaufenden Kaltwalzanlagen eingehend untersucht. Das auffallendste Ergebnis dieser Untersuchungen war der Zusammenhang zwischen der Schmierwirkung und dem Gehalt an freier Fettsäure.

Es erscheint nach dieser Beobachtung notwendig, den grundsätzlichen Zusammenhang zwischen Aufbau des Schmieröls und seiner Schmierwirkung durch gezielte Versuche zu klären.

Für die Ermittlung der Eignung von Schmierstoffen für den Walzvorgang erscheint der Kaltwalzversuch selbst das sinnvollste Verfahren zu sein, wenn auch hierbei zeitlich längere Versuchsreihen gefahren werden müssen. Eine Prüfung der Stoffe mit Hilfe der bekannten Ölprüfapparate ergibt Kennwerte, die den abgewandelten Druck- und Geschwindigkeitsverhältnissen im Walzspalt nicht gerecht werden. Ein von W.R. JOHNSON, J.P. SHEEHAN und H. SCHWARTZBART [3] erläutertes Verfahren benutzt den Drahtziehversuch zur Beurteilung der Schmierwirkung, wobei die erforderliche Ziehkraft als Kenngröße herangezogen wird. W. LUEG und W. DAHL [4] untersuchten nach diesen Gesichtspunkten die von J. BILLIGMANN [2] benutzten Walzöle und Emulsionen, fanden jedoch, daß die aus dem Ziehversuch gewonnene Beurteilung in den meisten Fällen nicht mit der bei Walzversuchen gewonnenen übereinstimmt.

In der vorliegenden Arbeit soll versucht werden, zunächst durch sinnvolle Auswahl synthetischer Schmierstoffe und genau bekannter Naturfette den Zusammenhang zwischen Schmierstoffzusammensetzung, physikalischen Eigenschaften und Konsistenz einerseits und der Schmierwirkung und Brauchbarkeit als Walzöl andererseits zu untersuchen. Durch Vergleich der möglichen Dickenabnahme bei vorgegebener Anstellfolge und der dabei auftretenden Verformungskräfte wird eine verhältnismäßig gute Bewertungsmöglichkeit der Schmierstoffe untereinander geschaffen, wogegen es offen bleiben muß, ob sich diese Beurteilung auf betriebliche Walzverhältnisse, also auf Walzstraßen mit höheren Geschwindigkeiten, übertragen läßt.

Dank der Unterstützung des Entwicklungslaboratoriums einer deutschen Öl- und Fettfabrik konnten für die Untersuchungen Schmierstoffe bereitgestellt werden, die nach den Überlegungen und Ansichten über den Reibungsvorgang zusammengesetzt wurden. In den meisten Fällen wurde von ein und demselben Grundöl oder Grundfett ausgehend eine Reihe von Schmiermitteln mit unterschiedlichen Zusätzen an gesättigter oder ungesättigter Fettsäure entwickelt, so daß der Einfluß dieser Beimengungen auf seine Schmierfähigkeit planmäßig untersucht werden konnte.

Weitere, in der gleichen Weise durchgeführte Versuche befassen sich mit der Eignung von handelsüblichen Walzölen und daraus hergestellten Emulsionen für das Kaltwalzen von Bandstahl. Da es wesentlich schwieriger ist, die Schmierwirkung solcher Emulsionen aus dem Aufbau der Grundöle zu erklären, zumal deren Zusammensetzung und die der verwendeten Emulgatoren meist nur den Herstellern bekannt sind, sollen vor der Besprechung der Versuchsergebnisse die wesentlichen Merkmale einer Emulsion und die heutigen Ansichten über die Emulsionsbildung kurz erläutert werden.

2. Versuchseinrichtung und Meßverfahren

Die Untersuchungen wurden an dem Versuchswalzwerk des Max-Planck-Instituts für Eisenforschung in Düsseldorf durchgeführt. Die gehärteten Chromstahlwalzen hatten etwa 200 mm Ballendurchmesser, ihre Walzenballen waren poliert und ihre Zapfen in Rollenlagern gelagert. Die Walzen wurden von Hand mit Druckschrauben angestellt, wobei der Anstellweg mit Hilfe eines Zeigers unterhalb des Anstellrades auf einem Teilkreis abgelesen werden konnte. Als Anstellweg von Stich zu Stich wurde 0,12 mm, als gleichbleibende Walzgeschwindigkeit 6,2 m/min gewählt.

Die zu untersuchenden Öle und Fette wurden auf die etwa 1 m langen Bandstreifen mit einem Pinsel aufgetragen. Bei der Untersuchung der Walzölemulsionen und eines Mineralöls wurden die Schmiermittel während des Walzvorganges auf Band und Walzen aufgespritzt, um die betrieblichen Bedingungen beim Walzen von Bandstahl annähernd nachzuahmen. Hierfür wurden auf der Einlaufseite des Walzgerüstes zwei selbstangefertigte Flachdüsen so angeordnet, daß Ober- und Unterseite des Walzgutes und beide Walzen ständig mit der Emulsion benetzt waren. Zwischen den beiden Walzenständern wurde eine Auffangwanne mit Ablauf eingebaut, so daß die ablaufende Emulsion über einen Sammelbehälter und eine Umlaufpumpe ununterbrochen im Kreislauf umgepumpt werden konnte. Diese Anordnung gestattete es auch, Einzelversuche mit unterschiedlich vorgewärmten Emulsionen und Walzen durchzuführen.

Die bei den Versuchsstichen auftretenden Walzkräfte wurden mit Walzkraftmeßdosen gemessen. Sie bestanden aus Ringkörpern, die außen und innen mit Dehnungsmeßstreifen beklebt waren. Entsprechend der elastischen Verformung der Stauchkörper veränderten sich die Widerstände der zu Halbbrücken zusammengeschalteten Meßstreifen. Die unter Last eintretenden Brückenstromänderungen wurden verstärkt und von einem Schleifenschwinger oszillographisch aufgeschrieben. Die an den beiden Walzen auftretenden Drehmomente wurden gleichfalls über Dehnungsmeßstreifen gemessen, die auf dem Umfang der Antriebsspindeln wechselweise im Winkel von 45° zur Spindelachse aufgeklebt waren. Die Speise- und Diagonalspannungen der zu Vollbrücken zusammengeschalteten Meßstreifen wurden über abgeschirmte Kabel zugeführt, die durch die Bohrung der zugehörigen Walze durchgeleitet und über Schleifringkörper am freien Ende der Walzen mit den Meß- und Registriergeräten verbunden waren.

Zum Messen der Voreilung wurde auf beiden Walzen eine Markierungslinie eingeritzt, die sich der Voreilung entsprechend auf das Walzgut abdrückte. Der Längenunterschied zwischen Walzenumfang und dem Abstand zweier Markierungslinien auf dem Walzgut ergibt dann die absolute Voreilung, aus der sich die bezogene Voreilung errechnen läßt, wenn man den Längenunterschied auf den Walzenumfang bezieht. Die Breite und Dicke des Probestreifens wurde vor und nach dem Stich mit Schublehre und Fein-Mikrometerschraube gemessen.

Zu den gefundenen Meßwerten darf vorausgeschickt werden, daß durch mehrere gleichartige Versuche, die gleichzeitig oder zu verschiedenen Zeiten vorgenommen werden, in allen Fällen eine sehr gute Wiederholbarkeit gewährleistet ist. Die Genauigkeit der Endergebnisse wird nach diesen Beobachtungen lediglich durch die Ablesefehler bei der Banddickenausmessung beeinflußt, die im absoluten Wert mit $\pm$ 0,005 mm angenommen werden können. In diesem Genauigkeitsbereich ist auch die Mittelwertbildung berücksichtigt, die durch das Ausmessen des Bandstreifens über die Länge hin erforderlich wird.

3. Versuchswerkstoffe

a. Als Walzgut benutzter Bandstahl

Als Walzgut wurden 50 mm breite Streifen aus einem beruhigt vergossenen Siemens-Martin-Stahl (Güte MR St 4 nach DIN 1624) mit 0,064 % C; 0,06 % Si; 0,30 % Mn; 0,012 % P; 0,016 % S und 0,006 % N_2 benutzt. Das 2,5 mm dicke Warmband war bereits auf 1 mm abgewalzt worden, so daß wie bei den Versuchen von J. BILLIGMANN [2] ein bereits kaltverfestigtes Walzgut zur Verfügung stand. In Abbildung 1 ist die Abhängigkeit seiner aus der Zugfestigkeit bestimmten Formänderungsfestigkeit von der bezogenen Dickenabnahme während der Walzversuche in einer Schaulinie dargestellt. Die Ausgangsfestigkeit entspricht dabei der vorgewalzten Banddicke von 1 mm. Die zusätzlich eingezeichneten Kurven für die mittlere Formänderungsfestigkeit dienen als Rechenwerte für die Walzkraft- und Drehmomentberechnung nach D.R. BLAND und H. FORD [5], die später näher erläutert werden.

b. Schmierstoffe aus Grundölen und Zusätzen

Eine Übersicht über die im ersten Teil untersuchten 34 Schmiermittel mit ihren physikalischen und chemischen Kenngrößen ist in Tabelle 1

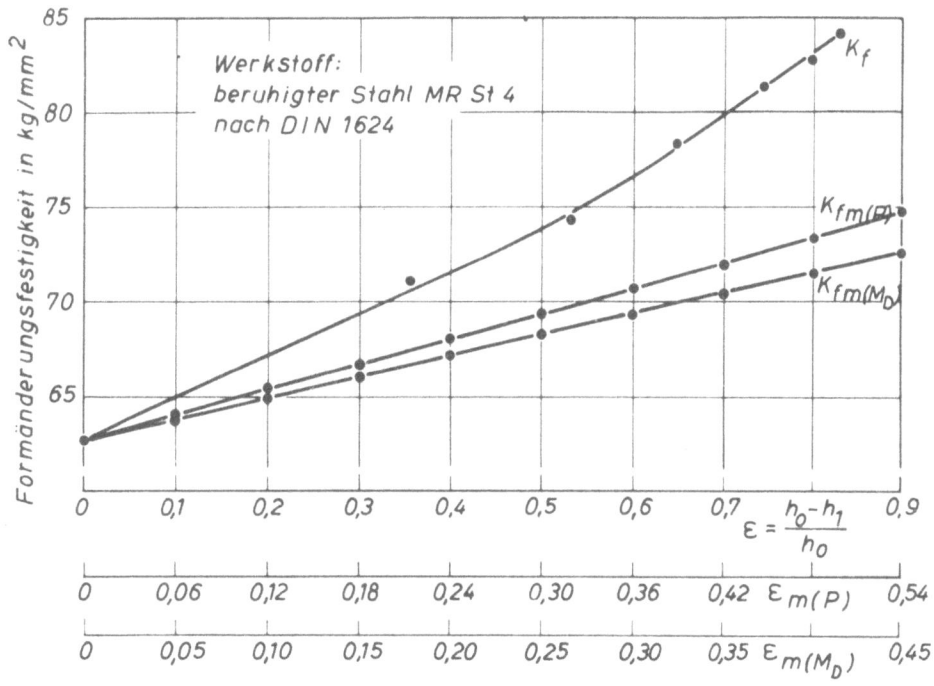

Abbildung 1
Verfestigungsverhalten des für die Walzversuche benutzten Bandstahles

(s. S. 62) gegeben. In der letzten Spalte dieser Tafel sind nähere Angaben über ihre Zusammensetzung gemacht. Bei der Darstellung der Versuchsergebnisse und der Auswertung werden die einzelnen Proben zur Vereinfachung nur mit ihrer Nummer angeführt.

Die Walzöle der Gruppe A sind drei als sehr wirksam bekannte Schmiermittel auf Naturfettgrundlage, die für die Erprobung handelsüblicher und zusammengesetzter Walzöle und Emulsionen als Vergleichsstoffe dienen können, wie sich auch bei betrieblichen Versuchen die Beurteilung neuer Schmierstoffproben etwa nach den Ergebnissen vom Palmöl richtet. In der Gruppe B wird durch Zusatz von arteigenen Fettsäuren zu bewährten Naturfetten die Viskosität von Palmöl angestrebt, gleichzeitig kann der Einfluß dieser Fettsäuren auf die Schmierfähigkeit untersucht werden. Hierzu muß bemerkt werden, daß die arteigenen Fettsäuren eine Mischung verschiedener gesättigter und ungesättigter Fettsäuren sind, deren Anteile sich nach dem jeweiligen Naturprodukt richten, aus dem sie durch Spaltung gewonnen werden. In der Gruppe C soll zunächst die Schmierwirkung von fettsäurefreiem Mineralöl ermittelt werden, und zwar einmal bei aufgestrichenem (Walzöl 7) zum anderen bei aufgespritztem Mineralöl (Walzöl 8). Bei den weiteren Proben der Gruppe C wird der Einfluß von Ölsäurezusätzen zu fettsäurefreiem Mineralöl (Walzöl 7) untersucht, in Gruppe D der von Zusätzen aus Stearinsäure als einer gesättigten Fettsäure. Ziel dieser beiden Versuchsgruppen ist, die Möglichkeit einer Einsparung von Naturfetten zu untersuchen, in dem die Schmierfähigkeit eines Neutralöls durch verschiedene Zusätze erhöht werden soll. In Gruppe E ist demselben Mineralöl ein unterschiedlicher Zusatz von Talgfettsäure zugesetzt, die sich je zur Hälfte aus ungesättigten und gesättigten Fettsäuren zusammensetzt. Die beiden Walzfette der Gruppe F bestehen aus Mineralöl (Walzöl 7) und so hohen Zusätzen aus Stearin- oder Palmitinsäure, daß die Konsistenz von Palmöl bei Raumtemperatur erreicht wird. Hierdurch soll im Anschluß an Gruppe D untersucht werden, wie sich sehr hohe Anteile an gesättigter Fettsäure auf die Schmierfähigkeit auswirken.

Bei der Gruppe G stehen zwei Naturfette zur Verfügung, deren freier Fettsäuregehalt vernachlässigbar klein ist, so daß man beide Proben als Neutralfette bezeichnen kann. Mit diesen Stoffen als Grundlagen wird in Gruppe H der Einfluß verschiedener gesättigter Fettsäuren, die sich durch ihre Kettenlänge unterscheiden, auf den Reibungsvorgang untersucht. Bei vier Schmierstoffen wird Talg als Grundfett benutzt, bei den übrigen beiden Proben Neutralwollfett. Die Zusätze betragen jeweils 3 %.

In Gruppe I ist durch Mischung von Talg und Rüböl zu gleichen Teilen mit 3 %igem Zusatz an lang- und kürzerkettigen Fettsäuren die Konsistenz von Palmöl bei Raumtemperatur erreicht worden. Es sollte hierbei geklärt werden, ob neben dem Gehalt an freier Fettsäure auch die Viskosität eine größere Rolle spielt.

In den Gruppen K und L sind Emulsionsproben enthalten, die als wässrige Lösungen (1:50) eingesetzt werden. Die Öle 29 bis 31 bauen sich auf Grundstoffen der Gruppe G auf, die mit Fettsäuren und Emulgatoren zusammengesetzt werden. Die genauen zahlenmäßigen Anteile der einzelnen Zusätze sind nicht bekannt, ebenso nicht die Art des Emulgators, in Tabelle 2 (s. S. 64) sind jedoch die Kennzahlen aufgeführt. Walzöl 32 enthält als Grundbestandteil das Mineralöl (Walzöl 7), das lediglich mit einem Emulgator versetzt worden ist. Schließlich umfaßt Gruppe L zwei handelsübliche Emulsionsöle, deren Kennzahlen sowohl in der Viskosität als auch im Gehalt an freier Fettsäure übereinstimmen. Der Unterschied beider Öle beschränkt sich auf den jeweiligen Emulgator.

c. Schmierstoffe aus handelsüblichen Walzölen

Mit Emulsionen der Gruppe M (Walzöle 35 bis 38) wurden Walzversuche durchgeführt, bei denen nicht nur die Schmierwirkung der Emulsion, sondern auch der Einfluß der Verdünnung, der Wasserhärte und verschiedener Lieferungen ein und desselben Emulsionsöls ermittelt werden sollte. Während Walzöl 35 auf Fetten aufgebaut ist, die keine freien Fettsäuren enthalten, sind die Öle 36, 37 und 38 auf Mineralöl aufgebaut; sie unterschieden sich nur durch die Art des Emulgators und geringfügige andere Zusätze.

In Gruppe N wird das Walzöl 39 als Walzfett bei der Verarbeitung von Bandstahl mit besonderer Oberflächengüte verwendet. Bei Raumtemperatur hat es eine salbenartige Konsistenz und kann nach leichter Erwärmung flüssig auf das Band aufgetragen werden. Walzöl 40 ist ein ausländisches Emulsionsöl, das ebenfalls bei Bändern mit hoher Oberflächengüte eingesetzt wird. Die Grundlage dieser Emulsion ist ein Mineralöl, Aufbau des Emulgators und Art sonstiger Zusätze sind unbekannt.

Die Walzöle 41, 42 und 43 der Gruppe O werden einzeln oder zusammen beim Walzen von Bandstahl für die Weißblechherstellung benutzt. Da die Gesamtverformung vom warmgewalzten Rohband bis zur Fertigdicke bei diesen geringen Feinblechdicken etwa 90 % beträgt, sind wegen der großen Verfestigung auch hohe Flächenpressungen im Walzspalt zu erwarten, die eine starke Beanspruchung des Schmierstoffs nach sich ziehen. Sehr gut hat sich unter betrieblichen Verhältnissen Palmöl bewährt. Walzöl 41 ist ein solches Palmöl mit einem freien Fettsäuregehalt von 17,0 %.

Walzöl 42 ist ein Einfettöl, mit dem die Warmbänder nach dem Beizen eingefettet werden, um ein Anrosten zu verhindern; es handelt sich hierbei um ein Mineralöl mit Rostschutzzusätzen, das eine verhältnismäßig niedrige Viskosität hat. Walzöl 43 ist ebenfalls ein Emulsionsöl auf Mineralölgrundlage, das bei den vorliegenden Versuchen in unterschiedlichen Mischungsverhältnissen mit Leitungswasser verwendet wurde. In weiteren Versuchen wurden die Betriebsverhältnisse für den Fall nachgeahmt, daß eine Emulsion aus Walzöl 43 mit Zusätzen von Palmöl (Walzöl 41) und Einfettöl (Walzöl 42) zum Kaltwalzen benutzt wird. Außerdem wurde eine derartige Emulsion in neu angesetztem Zustand und nach monatelanger betrieblicher Benutzung untersucht. Die Walzöle 44 und 45 sind reine Palmölemulsionen, die sich aus Palmöl und jeweils einem Emulgator zusammensetzen.

Die Gruppe P der Walzöle 46 bis 49 umfaßt Schmierstoffe auf Mineralölgrundlage, und zwar sind die Walzöle 46, 47 und 48 Emulsionsöle, die sich entweder durch die Art des Emulgators oder die Viskosität des Grundöls unterscheiden, während Walzöl 49 ein Einfettöl ist, das Hochdruckzusätze enthält und jeweils zusammen mit einer Emulsionsflüssigkeit beim Walzen von breitem Stahlband, z.B. für Karosseriebleche, verwendet wird. Bei den Walzversuchen wurde zunächst die Schmierwirkung der einzelnen Emulsionsöle bei Verdünnung mit Leitungswasser im Verhältnis 1:20 und die des unverdünnten Einfettöls (Walzöl 49) geprüft, dann wurden die Emulsionen aus den Ölen 47 und 48 zusammen mit dem Einfettöl 49 eingesetzt, um die betrieblichen Verhältnisse weitgehend nachzuahmen.

Für die Wahl der Walzöle 50 bis 55 in Gruppe Q lagen die Überlegungen von I.M. PAWLOW [6] zugrunde, wonach grundsätzlich die verbesserte Schmierwirkung eines neutralen Grundstoffes auf den Gehalt an freier Fettsäure zurückzuführen ist. Entsprechend den Versuchen von A.K. TSCHERTAWSKICH [7] wurde handelsübliches reines Petroleum ohne und mit Zusätzen reiner Stearinsäure auf seine Schmierwirkung untersucht.

Die Walzöle 56 bis 59 der Gruppe R sind Talg/Rüböl-Emulsionsöle, die sich nur durch den Zusatz von Netzmitteln (Walzöl 57) und Frostschutzmitteln (Walzöl 58) oder von Netz- und Frostschutzmitteln gleichzeitig (Walzöl 59) unterscheiden. Die Zusammensetzung des Grundöls und des Emulgators war in allen vier Proben gleich.

4. Versuchsergebnisse beim Walzen mit Walzölen

Die bei Verwendung verschiedener Schmiermittel am stärksten beeinflußbare Meßgröße ist die auslaufende Banddicke, wenn man bei allen Versuchen die gleiche Walzenanstellung beibehält. Die Unterschiede in der Walzkraft, im Gesamtdrehmoment und in der Voreilung sind dagegen untereinander nur vergleichbar, wenn die gleiche Geometrie des Walzvorganges zugrundegelegt werden kann. Aus diesem Grund sollen zunächst die bei einer feststehenden Walzenanstellungsfolge erzielbaren Banddicken betrachtet werden, die schon eine gute Beurteilung der Schmierwirkung zulassen.

In Abbildung 2 sind die entsprechenden Ergebnisse der Gruppen A bis C veranschaulicht. Die Darstellung zeigt, daß die Naturfette Palmöl, Rüböl und Rizinusöl ungefähr gleichwertig sind, die Endbanddicke nach dem

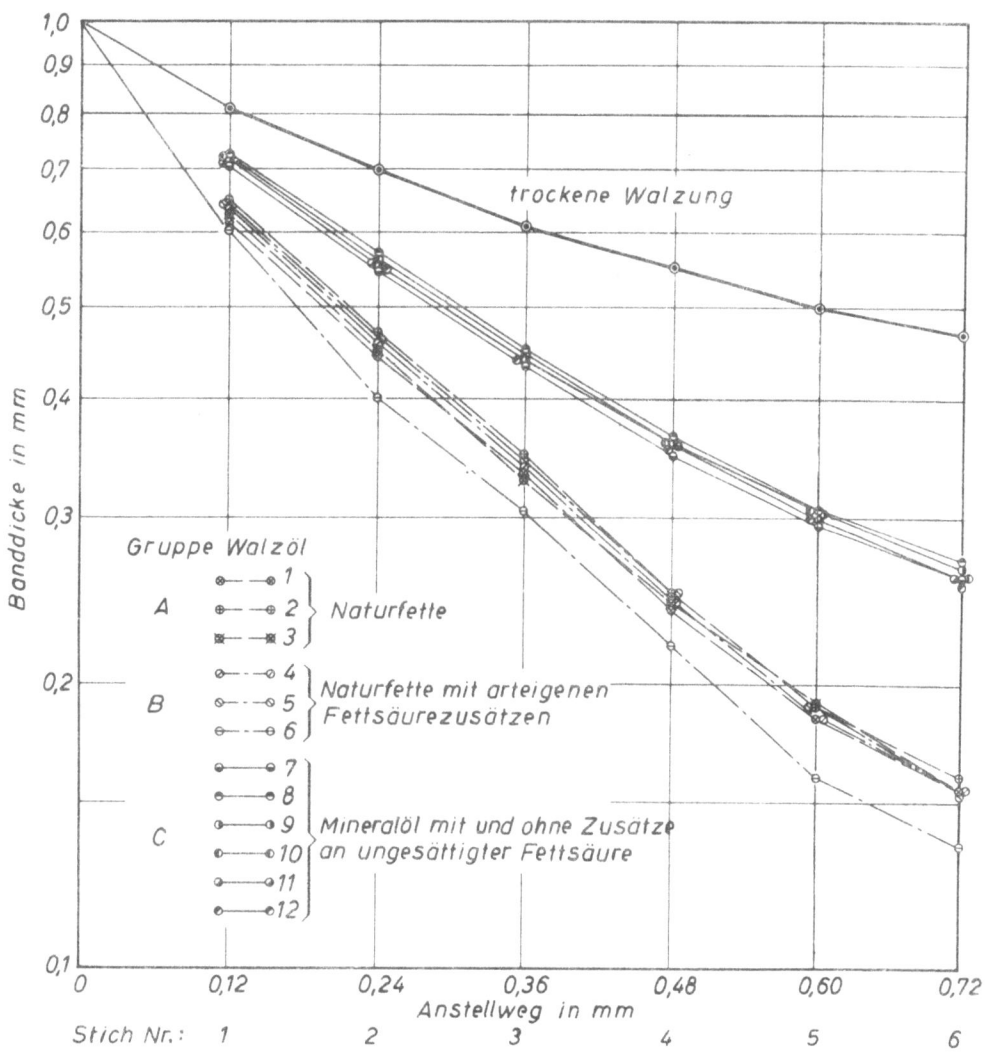

Abbildung 2
Banddicke beim Walzen mit den Walzölen 1 bis 3 (Gruppe A), 4 bis 6 (Gruppe B) und 7 bis 12 (Gruppe C) in Abhängigkeit vom Anstellweg

sechsten Stich liegt bei 0,155 bis 0,16 mm. Der Zusatz von arteigenen Fettsäuren ergibt lediglich im Falle des Walzöles 6 (Talg mit 3 % Talgfettsäure) eine merkliche Verbesserung, wo eine Dicke von 0,135 mm erreicht wird. Die Gruppe C des Mineralöls mit Zusätzen von ungesättigter Fettsäure zeigt wesentlich schlechtere Ergebnisse; untereinander ist keine eindeutige Bevorzugung einer Probe erkennbar, da die Banddicke nach dem 6. Stich in allen Fällen bei 0,255 bis 0,26 mm liegt. Außerdem ist kein Unterschied zwischen aufgetragenem und aufgespritztem Mineralöl erkennbar.

In Abbildung 3 sind die Meßergebnisse der auslaufenden Banddicke für die Gruppen D bis F in einem Schaubild dargestellt. Die Werte der Gruppe D

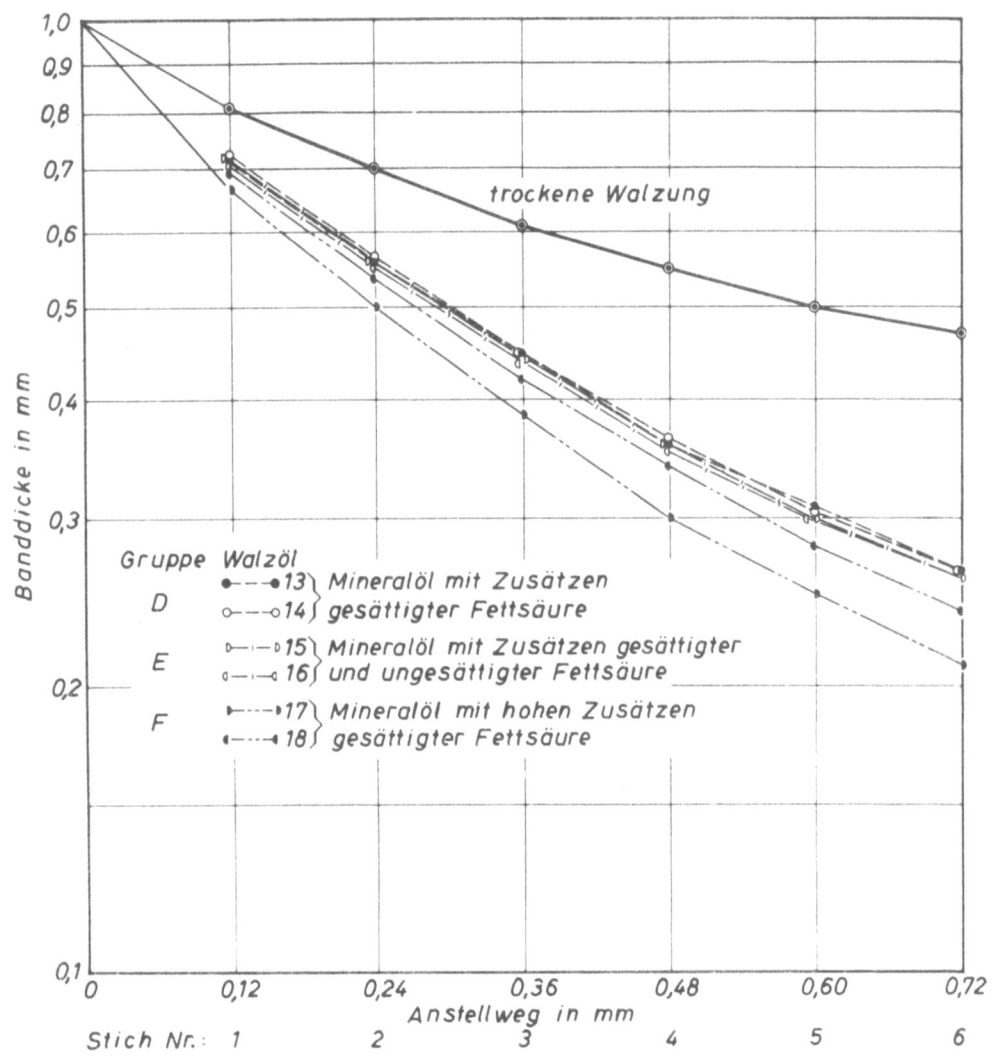

Abbildung 3
Banddicke beim Walzen mit den Walzölen 13, 14 (Gruppe D)
15, 16 (Gruppe E) und 17, 18 (Gruppe F) in Abhängigkeit vom Anstellweg

lassen in Ergänzung zur Gruppe C eindeutig erkennen, daß auch Zusätze von gesättigter Fettsäure - in diesem Falle Stearinsäure - keine Verbesserung der Schmierwirkung hervorrufen; die Enddicke von 0,265 mm läßt sogar in beiden Fällen auf eine geringfügige Verschlechterung schließen. Bei den Meßwerten der Gruppe E wird ebenfalls offenbar, daß die Schmierwirkung eines Mineralöls durch Zusätze von ungesättigten zusammen mit gesättigten Fettsäuren nicht verbessert wird, wenn sich diese Fettsäureanteile in der Größenordnung von 6 % bewegen. In Gruppe F dagegen beträgt der Zusatz an Stearin- bzw. Palmitinsäure 30 oder 25 %. Hierbei wird durch Walzöl 17 eine Enddicke von 0,21 mm, durch Walzöl 18 eine solche von 0,24 mm erreicht.

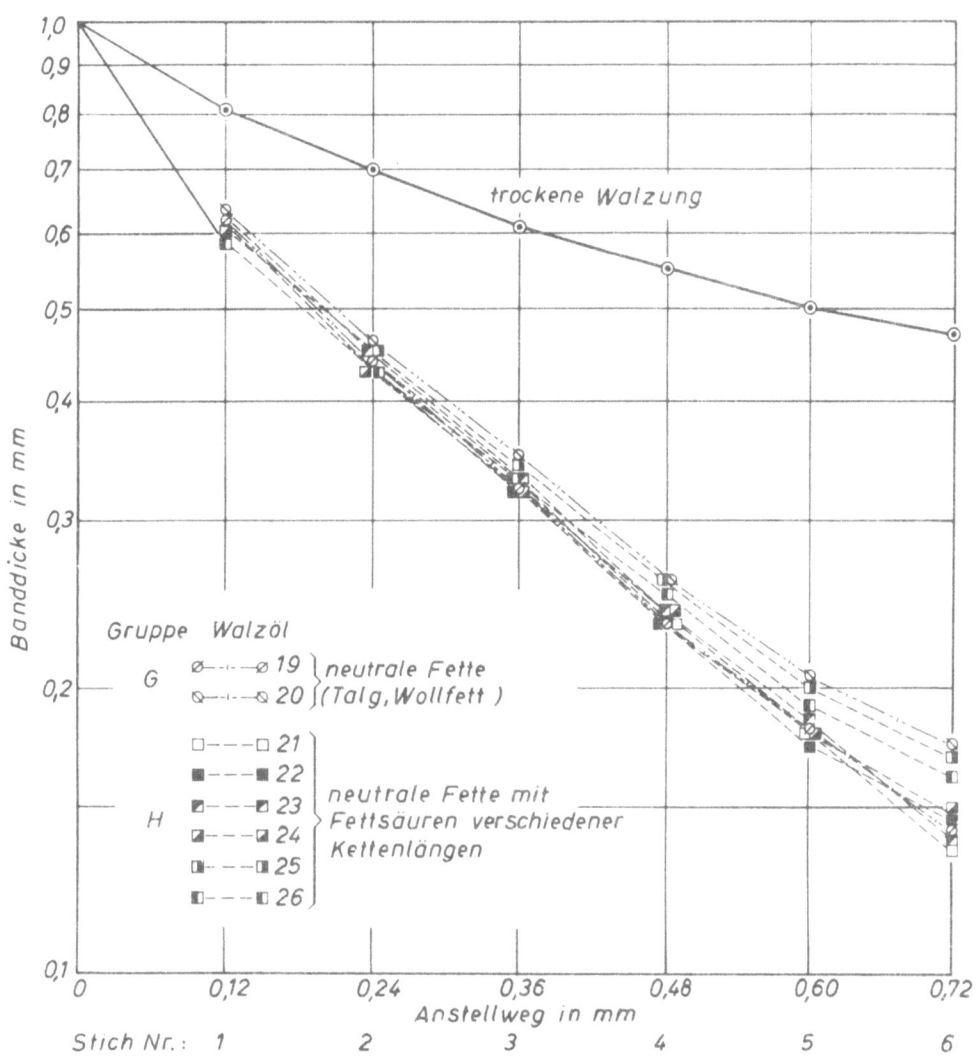

Abbildung 4

Banddicke beim Walzen mit den Walzölen 19 und 20 (Gruppe G) und 21 bis 26 (Gruppe H) in Abhängigkeit vom Anstellweg

In Abbildung 4 sind die Ergebnisse der Gruppen G und H dargestellt, wobei ein Vergleich zwischen den reinen fettsäurefreien Naturfetten Talg und Wollfett und den auf ihnen aufgebauten Schmierstoffen, die verschiedenartige Fettsäuren enthalten, möglich ist. Das Walzöl 19 ist dem Neutralwollfett (Walzöl 20) im reinen Zustand eindeutig überlegen, bei Zusatz von gesättigten Fettsäuren erfährt der Talg keine auffällige Verbesserung mehr, das Neutralwollfett dagegen erzielt besonders mit Stearinsäure günstigere Gesamtdickenabnahmen, wenn auch die sehr gute Schmierwirkung der Stoffe auf Talggrundlage nicht erreicht wird.

In Abbildung 5 sind die Gruppen G und J einander gegenübergestellt, außerdem sind die Meßwerte für Rüböl (Walzöl 2) zum Vergleich herangezogen. Während mit Rüböl als Hauptbestandteil der Walzöle 27 und 28 nur eine Enddicke von 0,16 mm erreicht wird, liegen die Werte für Talg und die der zusammengesetzten Proben der Gruppe J zusammen bei 0,14 mm.

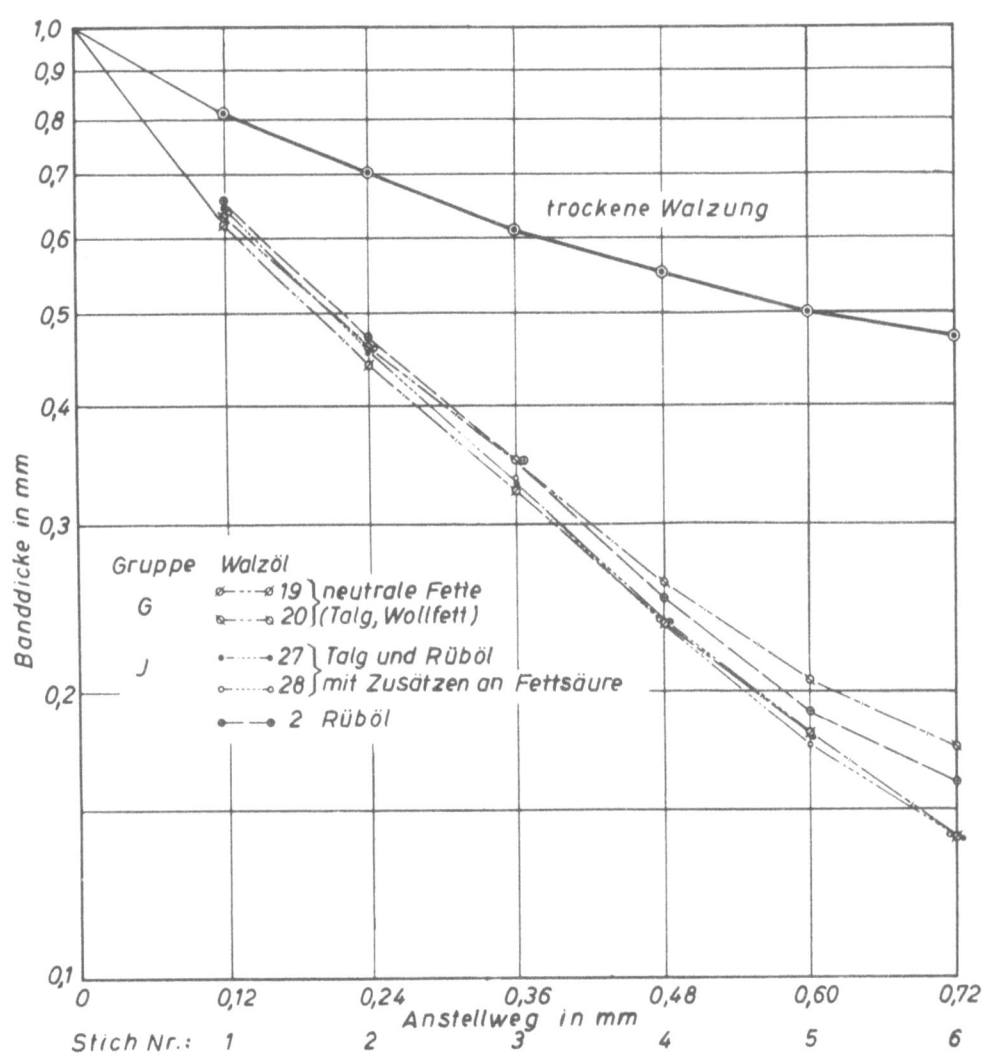

A b b i l d u n g   5

Banddicke beim Walzen mit den Walzölen 19, 20, 27 und 28 in Abhängigkeit vom Anstellweg

In allen vorstehenden Darstellungen sind die Schaulinien für den Walzvorgang ohne Schmiermittel eingezeichnet, bei dem Walzen und Walzgut sorgfältig gesäubert und getrocknet waren. Die bei trockener Walzung und der vorgegebenen Anstellfolge erreichbare Enddicke beträgt 0,47 mm, was einer Gesamtdickenabnahme von nur 53 % entspricht.

In Abbildung 6 schließlich sind die Meßergebnisse aller im ersten Abschnitt dieser Untersuchung mit Emulsionen durchgeführten Walzversuche

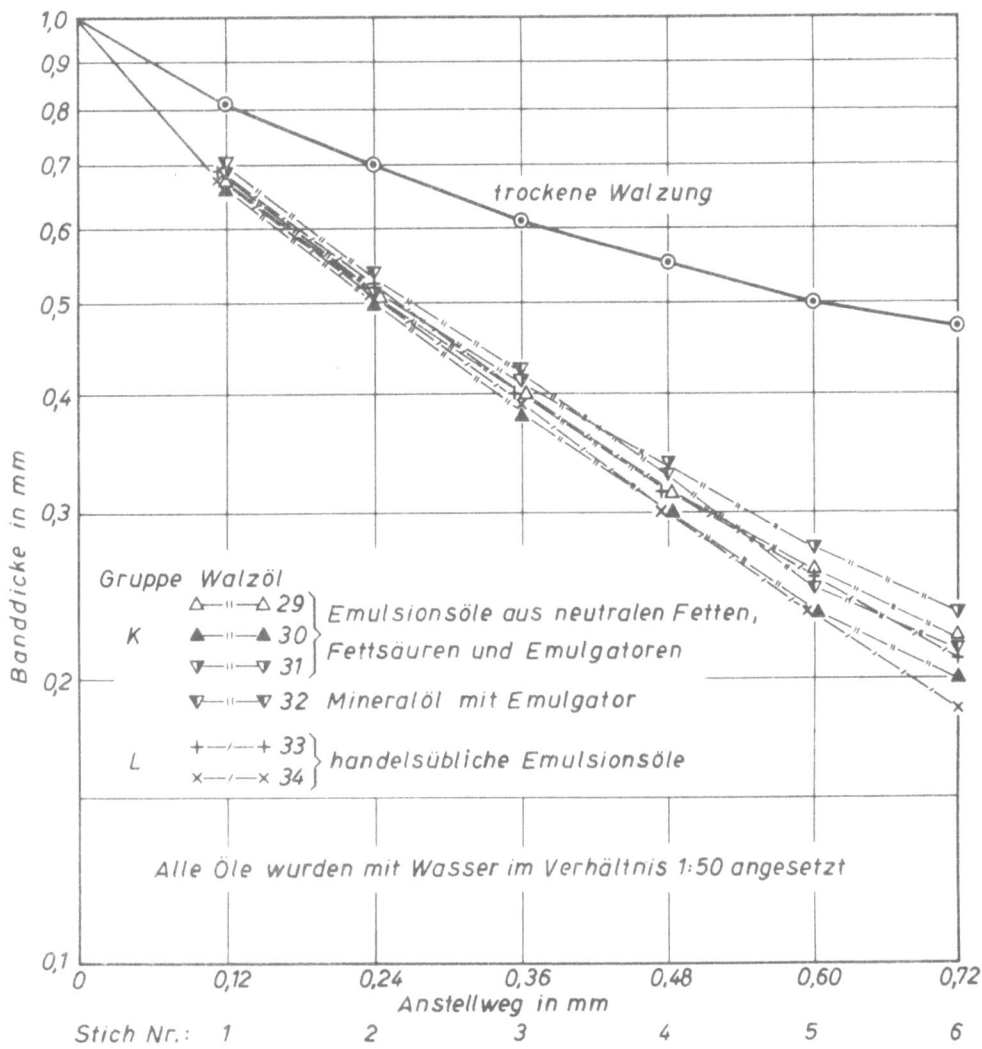

Abbildung 6
Banddicke beim Walzen mit den Walzölen 29 bis 32 (Gruppe K)
und 33 und 34 (Gruppe L) in Abhängigkeit vom Anstellweg

zusammengefaßt. Die Gruppe K, die dem grundsätzlichen Aufbau nach bekannt ist, umfaßt drei Emulsionsöle, die Talg und Wollfett als Grundlage haben, und eine Mineralölprobe mit Emulgator. Die genaue Zusammensetzung ist nicht bekannt, so daß die Ergebnisse nur im Zusammenhang mit Kennwerten der verwendeten Grundöle betrachtet werden können. Als beste Walzölemulsion ist Walzöl 30 anzusprechen, das als Stammöl eine bemerkenswert hohe Viskosität hat. Während sich die Mineralölemulsionen in den ersten drei Stichen ungünstiger verhalten, verbessert sich die Schmierwirkung in den letzten Stichen soweit, daß die erzielte Enddicke von 0,215 mm besser liegt als die Meßwerte für die Öle 29 und 31. Noch auffälliger ist der Unterschied zwischen reinem Mineralöl (Walzöl 7) und der Mineralölemulsion 32, wonach mit der Emulsion eine Verminderung der Endbanddicke von 0,26 auf 0,215 mm erreicht wurde. Dieser Einfluß kann einmal auf die Kühlwirkung des Wassers, zum anderen auf den beigemischten Emulgator zurückgeführt werden.

Die beiden Ölemulsionen der Gruppe L sind handelsübliche Erzeugnisse, die heute in verschiedenen Walzwerksbetrieben Anwendung finden. Durch diese Gegenüberstellung sollte veranschaulicht werden, welche Schmierwirkung eine betriebliche Emulsion im Vergleich zu synthetischen Schmierstoffproben unter den geschilderten Versuchsbedingungen hat. Da beide Stammöle nahezu gleiche Kennwerte haben, so scheint hier die genaue Zusammensetzung und die Art des Emulgators eine entscheidende Rolle zu spielen.

Während die nach 6 Stichen erreichte Banddicke ein gutes Maß für die Wirkung eines bestimmten Schmiermittels ist, können die Meßwerte für Walzkraft, Walzmoment und Voreilung in den einzelnen Stichen den Reibungsverhältnissen nur unter Vorbehalten zugeordnet werden, da in jedem Einzelfall unterschiedliche geometrische Verhältnisse des Walzvorganges zugrundegelegt werden müssen.

Die Abbildungen 7 und 8 zeigen als Beispiel die Meßwerte für Walzkraft, Drehmoment und Voreilung beim Walzen mit den Schmierstoffen der Gruppen C und H in Abhängigkeit von der Stichfolge. Bei den Walzkraft- und Drehmomentwerten in Abbildung 7 ist jedoch eine scharfe Trennung zwischen den beiden in ihrem Grundaufbau sehr unterschiedlichen Schmierstoffgruppen, wie sie sich bei der Auswertung der Banddicke ergab, nicht möglich. Für die Walzkraft liegen die Stoffe auf Neutralfettgrundlage in ihrer Neigung zwar mehr oder weniger günstiger als die Neutralöle, im Verlauf des Gesamtdrehmomentes tritt jedoch kein ausgeprägter Unterschied auf. In Abbildung 8 a sind die Meßwerte für die Voreilung zunächst über der Stichfolge aufgetragen. Der Schaulinienverlauf für die neutralen Fette ist in dieser Darstellungsform nur in den ersten Stichen eindeutig von den Linien für die Mineralöle getrennt. Da zwischen Voreilung und Reibungsbeiwert ein unmittelbarer Zusammenhang besteht, ist es sinnvoller, die Meßwerte über der bezogenen Dickenabnahme oder der logarithmischen Formänderung aufzutragen, wie es in Abbildung 8 b gezeigt wird. Die scharfe Trennung der Schaulinien ist hier je nach Reibungsverhalten sehr gut erkennbar.

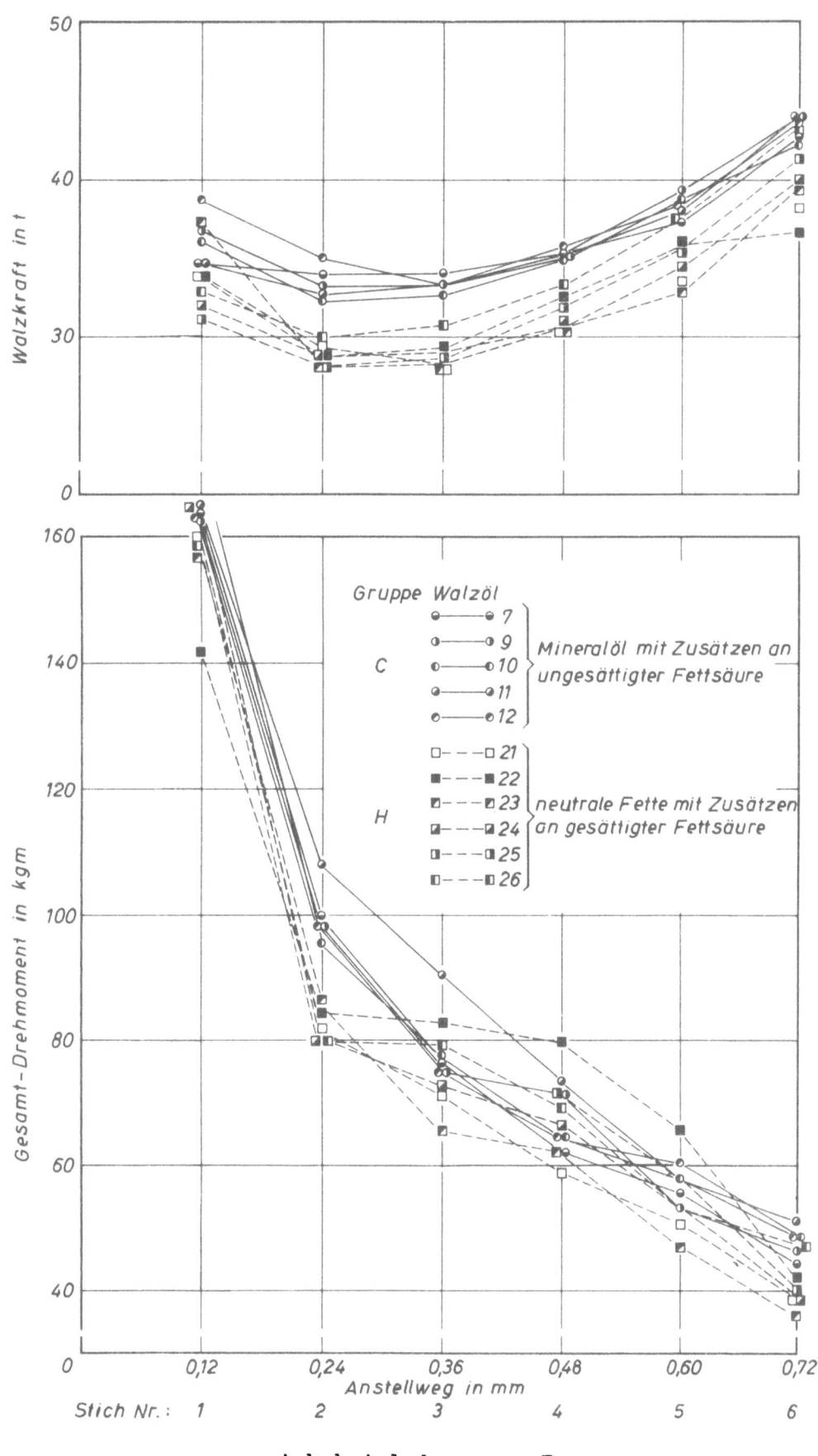

Abbildung 7
Walzkraft und Drehmoment beim Walzen mit den Walzölen 7, 9, 10 bis 12
(Gruppe C) und 21 bis 26 (Gruppe H) in Abhängigkeit vom Anstellweg

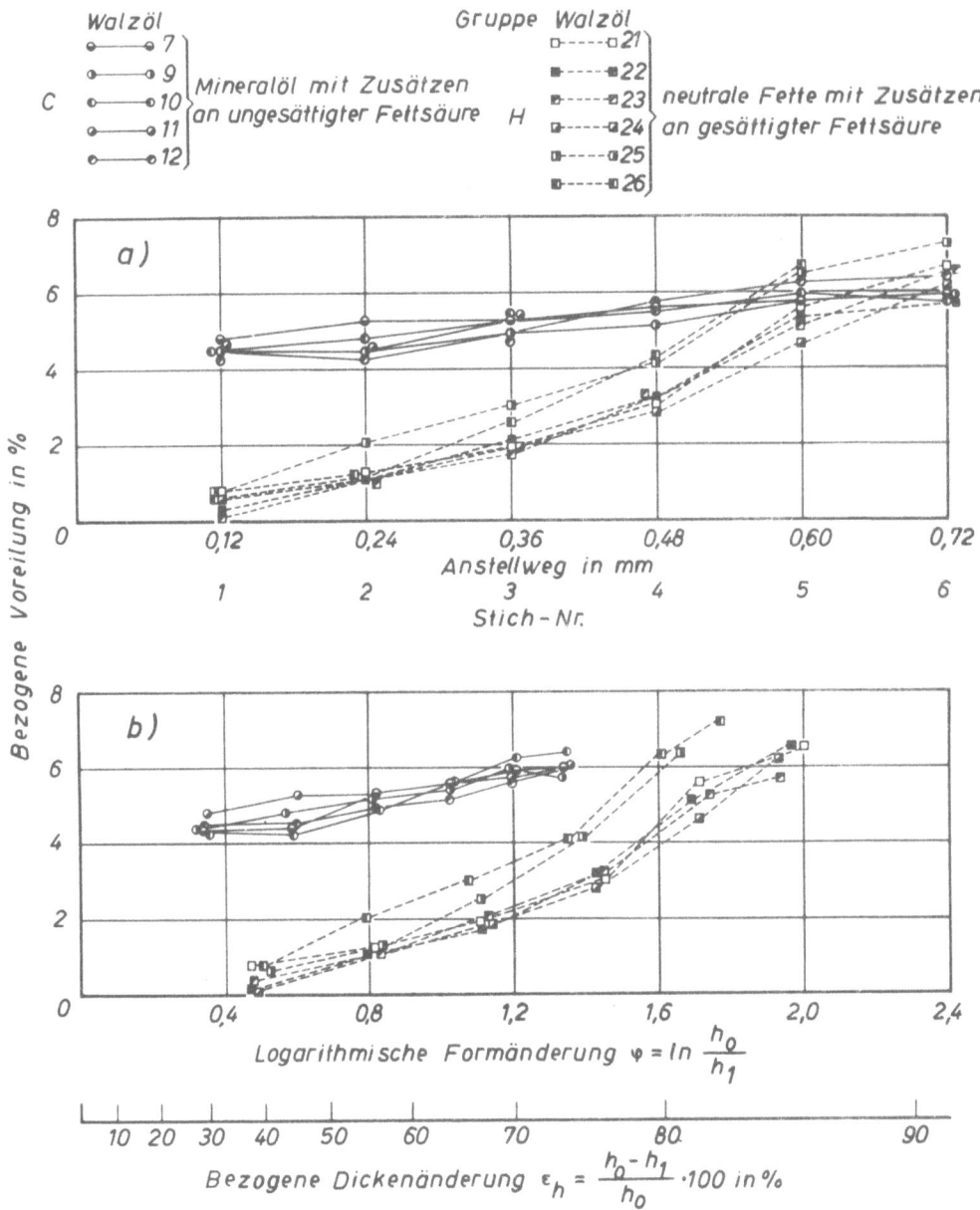

Abbildung 8

Voreilung beim Walzen mit den Walzölen 7, 9, 10 bis 12 (Gruppe C) und
21 bis 26 (Gruppe H) in Abhängigkeit von Anstellweg
und Gesamtformänderung

5. Auswertung und Erörterung der mit Walzölen erhaltenen Versuchsergebnisse

Bei der Beurteilung der Schmierwirkung eines bestimmten Schmiermittels muß in erster Linie ein Bewertungsmaßstab angelegt werden, der bei allen vorkommenden betrieblichen Walzverhältnissen angewändt werden kann. Nur so ist zunächst eine eindeutige Vergleichbarkeit verschiedenartiger Meßergebnisse und Untersuchungsbefunde möglich. Außerdem müssen die zugrundegelegten Beziehungen so beschaffen sein, daß sie mit betrieblich meßbaren Abhängigkeitsgrößen aufgestellt werden können.

Bei der nachfolgenden Auswertung sind vier verschiedene Bewertungsmaßstäbe verwendet werden, die in der Hauptsache die Meßgrößen der Banddicke und der Walzkraft berücksichtigen:

a) Bewertung des Schmierstoffs nach der erreichbaren Enddicke, wie sie von J. BILLIGMANN [2] an betrieblichen Walzölemulsionen durchgeführt wurde.

b) Vergleich der jeweils erreichten Gesamtverformung mit den Meßwerten für das trockene Walzen als Bezugsgrundlage.

c) Abschätzung des Reibungsbeiwertes im 1. Stich unter Berücksichtigung der Gerüstauffederung.

d) Zusammenhang zwischen Formänderungswiderstand als Maß des Reibungseinflusses und der Formänderung.

Im Zusammenhang mit diesem Bewertungsmaßstab soll der Einfluß der Walzölzusammensetzung und der Kennzahlen auf die Schmierwirkung und auf die Walzbedingungen erläutert werden.

a. Bewertung des Schmierstoffs nach der erreichbaren Enddicke

Grundsätzlich ist für einen Kaltwalzbetrieb von Bedeutung, welche Banddicken bei einer gegebenen Stichfolge und Verwendung eines bestimmten Schmiermittels zu erzielen sind. So beschränkte sich auch J. BILLIGMANN [2] bei einem Vergleich verschiedener Walzöle und -emulsionen auf diese Meßwerte. Bei der Darstellung der Schaulinien wurde die Banddicke in logarithmischem Maßstab aufgetragen, um die bei den letzten Stichen erzielten sehr geringen Dickenwerte noch übersichtlich voneinander zu trennen. Unter Berücksichtigung dieser Linienzüge wurde ein Bewertungsmaßstab vorgeschlagen, der mit Versuchsergebnissen in anderen Betrieben einen gewissen Vergleich zuläßt: mit der Bewertungszahl Null wurde die erzielte Gesamtdickenabnahme beim Walzen mit Wasser eingesetzt, mit der besten Bewertungszahl 100 das Endergebnis eines Walzversuchs mit Palmöl. Diese Einstufung geht von der Voraussetzung aus, daß Palmöl wirklich das beste Schmiermittel ist und daß die naturgegebenen Unterschiede in der Palmölzusammensetzung die Schmierwirkung nicht beeinflussen. Wenn diese Bedingungen für eine Reihe von Walzbetrieben auch ohne Einschränkung gelten, so ist für einen grundsätzlichen Vergleich diese Begrenzung durch Bestwerte nicht zweckmäßig. Aus Hinweisen über die

Beeinflussung der Wirksamkeit betrieblicher Emulsionen durch die Härte
des Wassers ergab sich weiterhin die Einschränkung, daß Walzversuche
mit Wasser nur bedingt als Bezugsgrundlage gewählt werden können. Aus
diesen Gründen wurde hier auf einen Bewertungsmaßstab verzichtet, sondern lediglich die erzielten Endbanddicken miteinander verglichen und
schließlich - wie im Abschnitt b. noch näher erläutert werden soll -
auf die erreichten Dickenwerte beim trockenen Walzen bezogen.

Das Verhalten der Gesamtdickenabnahmen bei den einzelnen Schmierstoffen
wurde schon in den Bildern 2 bis 6 dargestellt. Bei oberflächlicher
Betrachtung kann festgestellt werden, daß die Naturfette im reinen Zustand oder mit Fettsäurezusätzen den Schmierstoffen auf Mineralölgrundlage in ihrer Schmierwirkung überlegen sind. Es seien deshalb nachfolgend zunächst die Naturfette und ihre Ergebnisse erläutert. Bei den
Fetten der Gruppe A sind Palmöl (Walzöl 1) und Rizinusöl (Walzöl 3) in
ihrer Schmierwirkung gleichwertig, das Rüböl (Walzöl 2) schneidet in
allen Stichen geringfügig schlechter ab. Aus den Schmierstoffkennzahlen
ist ein solch unterschiedliches Verhalten nicht zu erklären. Rüböl hat
gegenüber den anderen beiden Fetten allerdings den niedrigsten Gehalt
an freier Fettsäure.

In Gruppe B sind Talg und Rüböl mit Zusätzen arteigener Fettsäuren einander gegenübergestellt, wobei das Walzöl 6 (Talg mit 3 % Talgfettsäure)
weitaus höhere Gesamtdickenabnahmen erreicht als die reinen Naturfette
der Gruppe A und die beiden restlichen Proben der Gruppe B. Die Walzöle 4 und 5 zeigen gegenüber ihrem Grundbestandteil Rüböl (Walzöl 2)
eine schwache, aber eindeutige Verbesserung ihrer Schmierwirkung, die
auf den Anteil an Rübölfettsäure zurückgeführt werden kann; ein Einfluß
durch Zusatz von 3 oder 6 % der arteigenen Fettsäure ist jedoch nicht
festzustellen. Man kann aus diesen Ergebnissen von verbesserten Naturfetten grundsätzlich ableiten, daß Talg als Grundstoff ein günstigeres
Verhalten hinsichtlich der erreichbaren Banddicke zeigt als die Proben
mit Rüböl. Aus dieser Überlegung heraus wurden in der Gruppe G und H
Talg und Wollfett, zwei annähernd fettsäurefreie Naturfette, in reinem
Zustand und mit Zusätzen verschiedenartiger Fettsäure beim Walzen untersucht. Die in Abbildung 4 zusammengefaßten Ergebnisse zeigen eindeutig,
daß Talg als reines Fett (Walzöl 19) und auch mit Fettsäurezusätzen den
Proben auf Rübölgrundlage in den letzten drei Stichen weitaus überlegen
ist. Beim Vergleich der einzelnen Talgschmierstoffe hat sich der Zusatz
von 3 % Stearinsäure am wirkungsvollsten erwiesen, dieses Walzöl 21

erreicht die gleiche Gesamtdickenabnahme wie Talg mit 3 % Talgfettsäure (Walzöl 6). Geringfügig schlechter sind reiner Talg (Walzöl 19) und Talg mit Fettsäuren der Kettenlängen C_8 bis C_{10} (Walzöl 23), dann folgen Talg mit Palmitinsäure (Walzöl 22) und Talg mit Säuren der Kettenlängen C_{10} bis C_{12} (Walzöl 24). Eine Abhängigkeit der Schmierwirkung von der Kettenlänge der zugesetzten Fettsäure kann hieraus nicht abgeleitet werden, da sich die reine Talgprobe besser bewährt hat als zwei Walzöle mit Talg und Fettsäurezusätzen. Auf einen gleichgerichteten Verlauf der Viskosität unter den Talgschmierstoffen ist jedoch hinzuweisen: Die beste Probe 21 hat $4,4°E$, dann folgen Walzöl 19 mit $4,4°E$, Walzöl 23 mit $4,5°E$, Walzöl 22 mit 4,9 und Walzöl 24 mit $5,0°E$. Fettsäurezusätze erhöhen demnach die Schmierwirkung von Talg noch; es muß jedoch darauf geachtet werden, daß die Viskosität dieser zusammengesetzten Proben möglichst niedrig bleibt und unter dem Wert für Talg liegt.

Die verbessernde Schmierwirkung von Fettsäurezusätzen wird an den Proben auf Wollfettgrundlage besonders auffallend, wobei in diesem Falle die langkettige Stearinsäure in Walzöl 26 die besten Ergebnisse zeigt. Der Zusammenhang zwischen diesem Schmierverhalten und den Viskositätswerten, die verhältnismäßig hoch liegen, ist hier nicht so eindeutig wie bei den Talgschmierstoffen.

Die bekannt gute Schmierwirkung von Palmöl beim betrieblichen Walzvorgang führte zu der Überlegung, daß synthetisch zusammengesetzte Schmierstoffe, die nicht nur in ihren Kennwerten, sondern auch in ihrer Konsistenz mit Palmöl übereinstimmen, ähnlich gute Ergebnisse zeigen sollten. In Abbildung 5 sind die Meßwerte solcher Fettproben (Walzöl 27 und 28) denen der beiden Walzöle der Gruppe G und denen des Rüböls (Walzöl 2) gegenübergestellt, um neben der Schmierwirkung der Fettmischung die der Grundöle besser veranschaulichen zu können. Die mit den Walzölen 27 und 28 erreichte Enddicke beträgt 0,14 mm gegenüber 0,155 mm bei Palmöl (Walzöl 1), die zusammengesetzten Proben sind in ihrer Schmierwirkung also noch besser, was wahrscheinlich auf den Anteil an Talg zurückgeführt werden kann.

Das Mineralöl hat gegenüber den Naturfetten eine wesentlich schlechtere Schmierwirkung, die auch durch Zusätze von Fettsäuren nicht wesentlich verbessert werden kann. In den Abbildungen 2 und 3 sind diese Ergebnisse in Schaulinien dargestellt. Die Streuungen der Meßpunkte sind so gering, daß sie auf die der Banddickenmessung anhaftenden Ablesegenauigkeit zurückgeführt werden können. Zusätze an ungesättigter Fettsäure (Ölsäure) haben in dem betrachteten Bereich von 3 bis 10 % keinen Einfluß, ebensowenig zeigt die Beimischung von Stearinsäure eine Wirkung. In der Gruppe E wurde Mineralöl mit Talgfettsäure versetzt, die sich etwa aus 50 % gesättigter und 50 % ungesättigter Fettsäure zusammensetzt und im Falle des Walzöls 6 (Talg mit 3 % Talgfettsäure) eine merkliche Verbesserung der Schmierwirkung von Talg herbeiführte. Bei Mineralöl als Grundstoff war keine Verbesserung festzustellen. Erst der Zusatz größerer Anteile von gesättigten Fettsäuren (Gruppe F) ließ höhere Gesamtdickenabnahmen zu, wobei besonders das Walzöl 17 mit dem Stearinsäurezusatz als besser bewertet werden muß. Auffällig ist in diesem Zusammenhang die Beeinflussung der Viskosität von Mineralöl durch verschiedene Fettsäurezusätze. Während sich durch Beimischung von Ölsäure die Viskosität bis auf $4,6°E$ erniedrigt, verändert sich in Gruppe D und E der Wert von reinem Mineralöl nicht wesentlich. Erst die hohen Fettsäurezusätze in Gruppe F ergeben Viskositätswerte von 4,0 und $3,8°E$. Man kann aus diesen Kennwerten und der Schmierwirkung schließen, daß langkettige Fettsäuren grundsätzlich eine Verbesserung des Grundöls herbeiführen, wenn gleichzeitig die Viskosität merklich herabgesetzt wird. Eine ungesättigte Fettsäure scheint für eine solche Viskositätserniedrigung ungeeignet zu sein, da diese Fettsäuremoleküle keine sehr hohen Belastungen aushalten und schon während des Walzvorganges ihre Schmierwirkung einbüßen. Die abgeleitete Notwendigkeit, durch Zusätze die Viskositätswerte niedrig zu halten, entspräche auch den Ergebnissen für Talg mit Fettsäurezusätzer (Gruppe H).

Eine Erläuterung der Versuchsergebnisse für die Emulsionsgruppen K und L im Zusammenhang mit den Kennwerten der Stammöle ist nicht möglich, da die Viskosität, die Neutralisationszahl und die Bestimmung des freien Fettsäuregehaltes sehr entscheidend durch den Emulgator beeinflußt werden, also nicht zu einem Vergleich mit den Ölen herangezogen werden können. Bei einer Bewertung nach der erreichten Gesamtverformung kann Walzöl 34 als beste Emulsion angesprochen werden, dann folgt Walzöl 30. Die Reihenfolge der übrigen Stoffe ergibt sich übersichtlich aus Abbildung 6. Um neben den physikalischen und chemischen Kennwerten ergänzende Anhaltspunkte für die Erklärung des unterschiedlichen Schmierverhaltens zu gewinnen, wurden im chemischen Laboratorium des Instituts die pH-Werte und Aschegehalte aller verdünnten Emulsionen der Gruppe K und L ermittelt sowie ihr Verhalten in der Ultrazentrifuge untersucht. Die Ergebnisse dieser Prüfung nebst dem Ergebnis der flammenphotometrischen

Bestimmung von Alkalien und Erdalkalien und der bei den Walzversuchen erreichten Gesamtdickenabnahme sind in Tabelle 3 (s. S. 65) zusammengefaßt. Bemerkenswert ist hierbei, daß die Emulsion 34 mit der besten Schmierwirkung keinen Aschegehalt und keine Kationen enthält; ihr pH-Wert zeigt außerdem, daß diese wässrige Emulsion ein leicht basisches Verhalten hat. Irgendwelche sinnvollen Zusammenhänge lassen sich jedoch auch hieraus nicht ableiten, solange der Aufbau der Stammöle und die Art der Emulgatoren nicht bekannt ist.

Die Bewertung der untersuchten Schmierstoffe nach der in den Versuchen erreichten Banddicke hat den Vorzug, daß sie auch unter betrieblichen Verhältnissen leicht durchzuführen ist. Die vorliegenden Ergebnisse beweisen erneut, daß dieser Bewertungsmaßstab durchaus brauchbar ist.

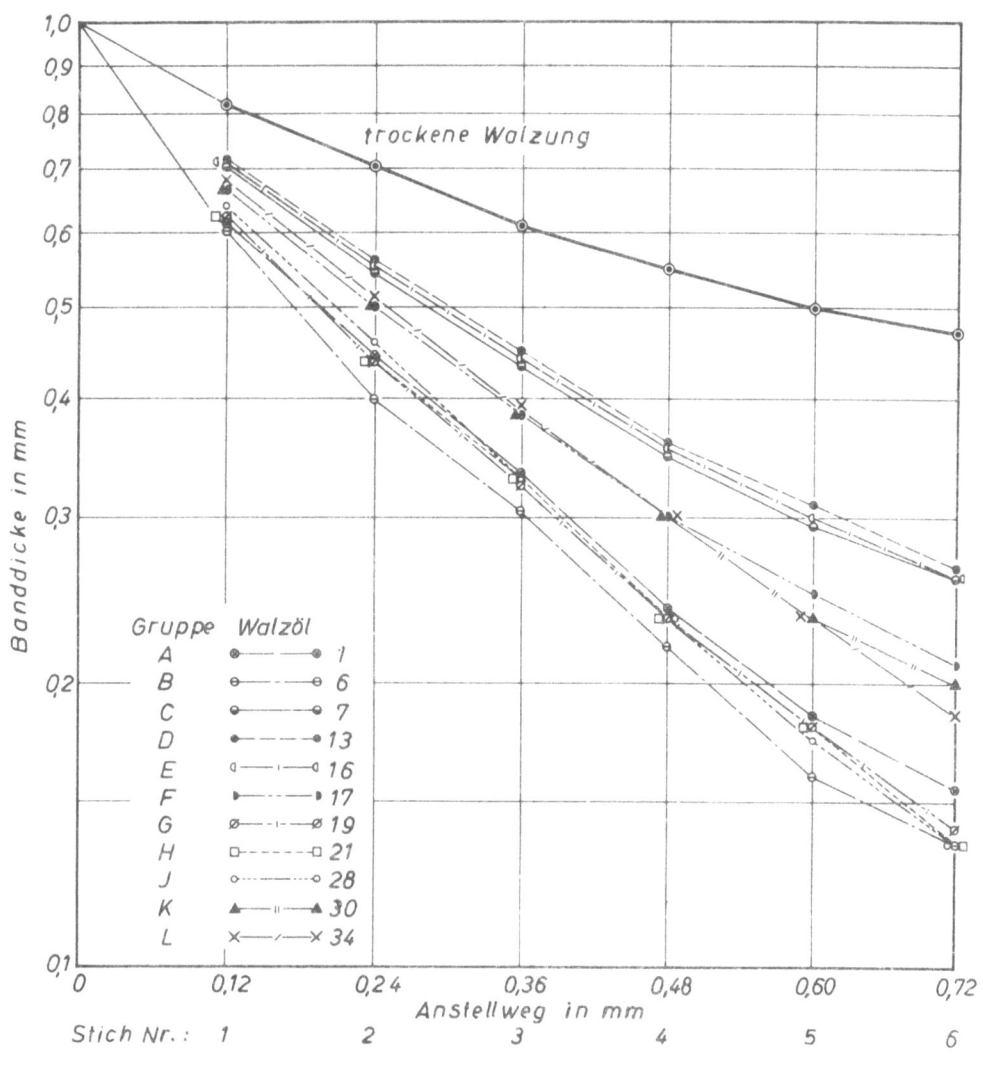

Abbildung 9

Banddicke beim Walzen mit den besten Walzölen aus den Gruppen A bis L in Abhängigkeit vom Anstellweg

Zur besseren Übersicht sind in Abbildung 9 die besten Öle aller hier untersuchten Schmierstoffgruppen zusammengefaßt. Die Schaulinien lassen erkennen, daß der Einfluß der verschiedenen Schmierstoffarten auf die Endbanddicke einen weiten Bereich der Gesamtverformung umfassen kann.

b. Zunahme der Gesamtverformung, bezogen auf trockene Walzung

Die Beurteilung der Schmierwirkung nach der im Walzversuch erzielten Enddicke hat den einen Nachteil, daß die zahlenmäßigen Dickenwerte je nach Walzendurchmesser, Anstellfolge, Walzgutzusammensetzung und -abmessungen verschieden sind. Die an verschiedenen Walzwerksanlagen ermittelten Enddicken können also zahlenmäßig nicht miteinander verglichen werden. Auch ist ein Bewertungsmaßstab nach J. BILLIGMANN [2] nur ein Behelf, weil eine feste obere und untere Grenze für die Schmierwirkung zu Schwierigkeiten in der Auswertung führen kann. Aus diesen Gründen wird vorgeschlagen, die nach einer willkürlich gewählten Anstellfolge erzielten Dickenabnahme ε_{tr} beim trockenen Walzvorgang als Bezugsgröße zu wählen und die bei derselben Walzenanstellung mit Schmierstoffen erreichte zusätzliche Dickenabnahme $\varepsilon_{Sch} - \varepsilon_{tr}$ als bezogene Zunahme der Verformung einzusetzen, also

$$\Delta \varepsilon = \frac{\varepsilon_{Sch} - \varepsilon_{tr}}{\varepsilon_{tr}} \cdot 100 \text{ in \%}.$$

Dieser Kennwert kann sowohl einzeln für jeden Stich als auch für eine Gesamtumformung in beliebig vielen Stichen ermittelt werden. Er sagt

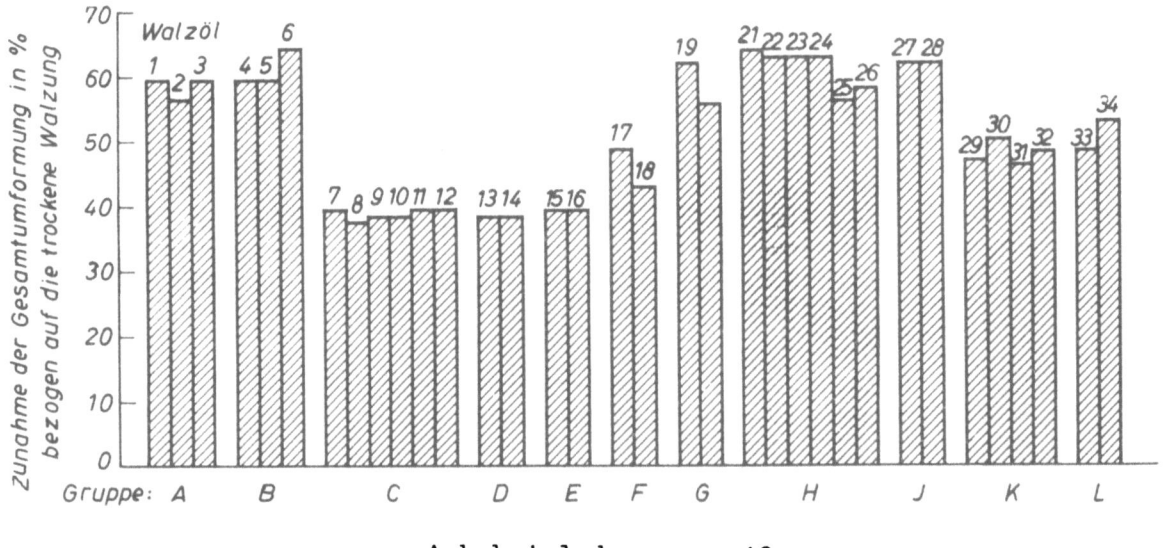

Abbildung 10
Zunahme der Gesamtumformung bei den Walzölen 1 bis 34

aus, in welchem Maße ein Schmierstoff die Gesamtdickenabnahme gegenüber dem trockenen Walzvorgang verbessert. In Abbildung 10 sind die bezogenen Zunahmen der Gesamtumformung für die sechs Stiche der Versuchswalzung einander gegenübergestellt. Durch die gemeinsame Darstellung der Kennwerte der 34 untersuchten Schmierstoffe kann aus der Höhe der Säulen ihre unterschiedliche Schmierwirkung abgelesen werden. Auch aus dieser Darstellung wird ersichtlich, daß die auf Talg als Grundlage aufgebauten Schmierstoffe das günstigste Reibungsverhalten zeigen, während alle Mineralölproben ohne und mit Fettsäurezusätzen verhältnismäßig schlecht abschneiden.

c. Abschätzung des Reibungsbeiwertes im 1. Stich unter Berücksichtigung der Gerüstauffederung

Bei der Verformung des Walzgutes ist neben dem bildsamen Verhalten des Werkstoffes auch die Auffederung des Walzgerüstes zu berücksichtigen. Bei unveränderter Walzenanstellung ist nämlich die austretende Banddicke verhältnisgleich der Gesamtwalzkraft; die Verhältniszahl stellt die Steifigkeitszahl c des Walzgerüsts dar. Der Zusammenhang zwischen der Auffederung der Walzwerksanlage und dem bildsamen Verhalten des Walzgutes ist eingehend von R.B. SIMS und D.F. ARTHUR [8], W.C.F. HESSENBERG und R.B. SIMS [9] sowie P. BLAIN [10] dargelegt worden. Aus diesen Vorstellungen erklärt sich zwanglos der Einfluß der Walzgeschwindigkeit auf Walzkraft und auslaufende Banddicke durch die Veränderung des Reibungsbeiwertes μ im Gebiet der Mischreibung. Auch andere Einflußgrößen, die diesen Geschwindigkeitseinfluß verändern können, sind in einer rechnerischen Betrachtung durch W. LUEG und P. FUNKE jr. [11] ermittelt worden.

Wenn man nun bei Veränderung der Walzgeschwindigkeit eine Änderung des Reibungsbeiwertes für den Walzvorgang annimmt, so gelten die dadurch hervorgerufenen Walzkraft- und Banddickenabweichungen auch für den Fall, daß bei gleichbleibender Walzenanstellung und Walzgeschwindigkeit lediglich der Reibungsbeiwert eine Änderung erfährt. Verwendet man Schmierstoffe unterschiedlicher Schmierwirkung bei unveränderter Walzenanstellung, so müssen sich unterschiedliche Werte für Walzkraft und Banddicke ergeben. Liegt die gleiche Geometrie des Walzvorganges, d.h. das gleiche Dickenverhältnis $h_o/2r$ zwischen der einlaufenden Walzgutdicke h_o und dem Walzendurchmesser $D = 2r$ vor, so liegen bei niedrigem Reibungsbeiwert die Meßwerte für Walzkraft und auslaufende Banddicke auch am niedigsten. Grundsätzlich kann der Reibungsbeiwert für jeden Stich berechnet werden, wenn die Walzkraft als Meßgröße bekannt ist. Die Berechnungen sind jedoch sehr umständlich und zeitraubend. Es soll deshalb zunächst für den ersten Stich eine graphische Abschätzung vorgenommen werden, die bei Berücksichtigung der Gerüstauffederung möglich ist. Hierzu ist die Steifigkeitszahl des benutzten Walzgerüstes erforderlich.

Da bei unveränderter Walzenanstellung und gleicher Ausgangsdicke, aber unterschiedlichen Reibungsverhältnissen alle Meßpunkte im Schaubild für Walzkraft und Banddicke auf einer Geraden liegen, ist nur eine Auftragung aller Versuchswerte für den ersten Stich notwendig. Eine Auswertung der übrigen Stiche ist nicht möglich, da die Anfangsdicke für jeden Versuch eine andere ist. In Abbildung 11 sind links unten einige der gemessenen Walzkräfte in Abhängigkeit von der Banddicke nach dem ersten Stich aufgetragen. Bei dem besten Schmiermittel liegen Banddicke und Walzkraft bei den niedrigsten Werten, während der höchste Meßpunkt dem Walzvorgang ohne Schmiermittel, also mit trockener Reibung entspricht. Aus der Steigung der gezogenen Ausgleichslinie ergibt sich dann eine Steifigkeitszahl c von 40 t/mm für das benutzte Walzgerüst.

Bei bekannter Steifigkeit des Walzgerüstes und gleichbleibender Anfangsdicke h_o besteht nun die Möglichkeit, den Reibungsbeiwert im ersten Stich abzuschätzen. Für eine derartige Ermittlung sind in Abbildung 11 eine Schar von Walzkraftschaulinien eingezeichnet, die jeweils einem bestimmten Reibungsbeiwert entsprechen. Die Versuchswerte des ersten Stiches für alle untersuchten Schmierstoffe können in dieses Schaubild eingetragen werden, so daß aus der Lage dieser Punkte eine Abschätzung des Reibungsbeiwertes möglich wird. Die so gewonnenen Reibungsbeiwerte sind in Abbildung 12 in Säulenform dargestellt. Hieraus kann man grundsätzlich entnehmen, daß die Walzöle mit der größten erzielten Gesamtdickenabnahme auch niedrige Reibungsbeiwerte haben. Ein in allen Fällen gleichsinniges Verhalten des Reibungsbeiwertes und der in Abbildung 10 dargestellten Gesamtformung ist aber deshalb nicht zu erkennen, weil bei verschiedenen Walzölen in den ersten beiden Stichen eine verhältnismäßig hohe Dickenabnahme erzielt wird, für die sich dann ein niedriger Schätzwert für μ ergibt; die Schmierwirkung verschlechtert sich jedoch bei diesen Schmierstoffen unter Umständen in den letzten Stichen bei sehr hohen Flächenpressungen. Ein solches Verhalten zeigt sich besonders auffällig bei den Proben der Gruppe H, bei der die Walzöle 21 bis 24 auf Talg und die Walzöle 25 und 26 auf Neutralwollfett aufgebaut sind. Die Talgstoffe haben bei Berücksichtigung der Gesamtdickenabnahme

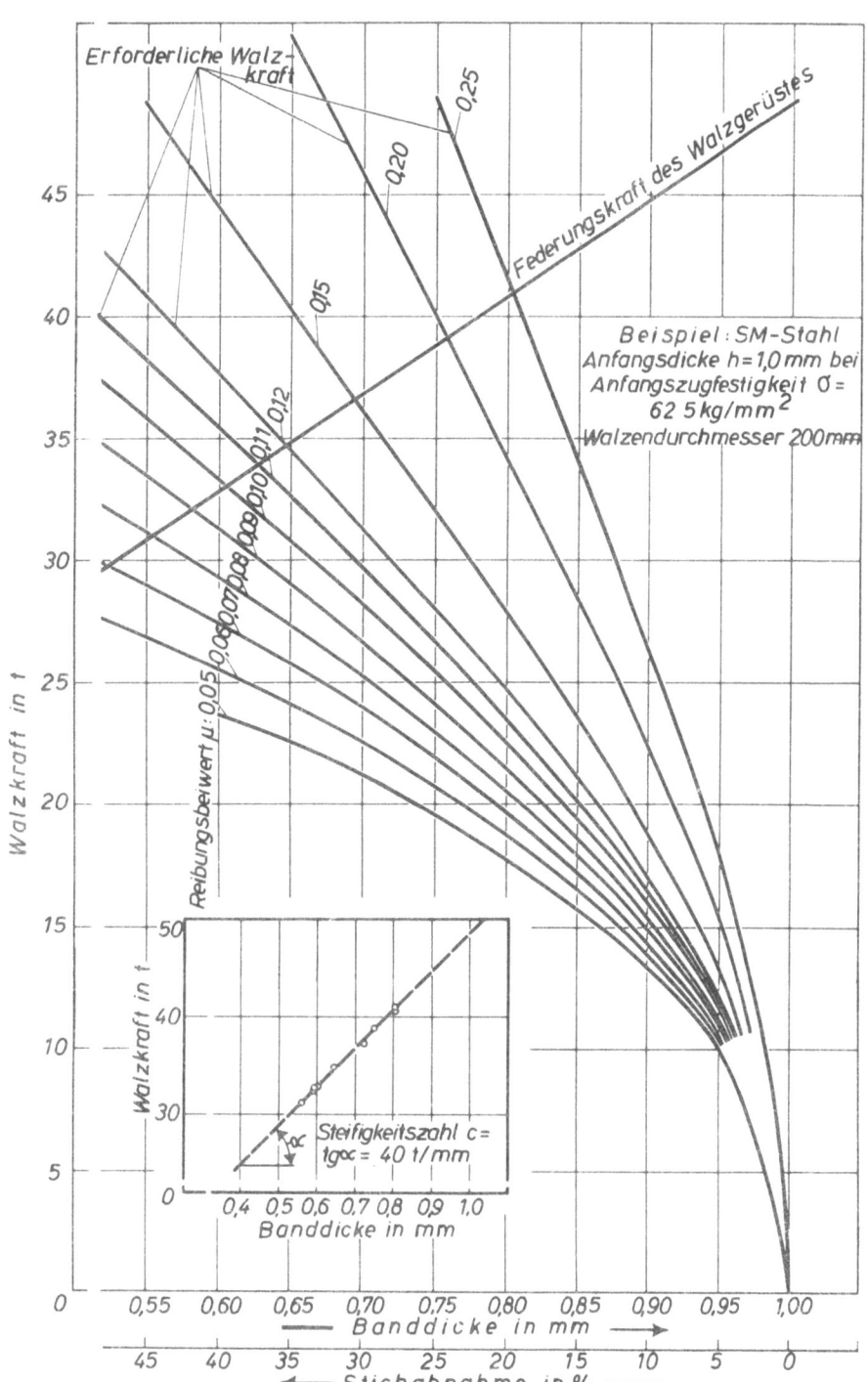

Abbildung 11

Einfluß des Reibungsbeiwertes auf die Walzkraft
unter Berücksichtigung der Gerüststeifigkeit

eine bessere Schmierwirkung; mit den Walzölen mit Wollfett lassen sich aber im ersten Stich größere Stichabnahmen erreichen, woraus sich dann verhältnismäßig niedrigere Reibungsbeiwerte ergeben.

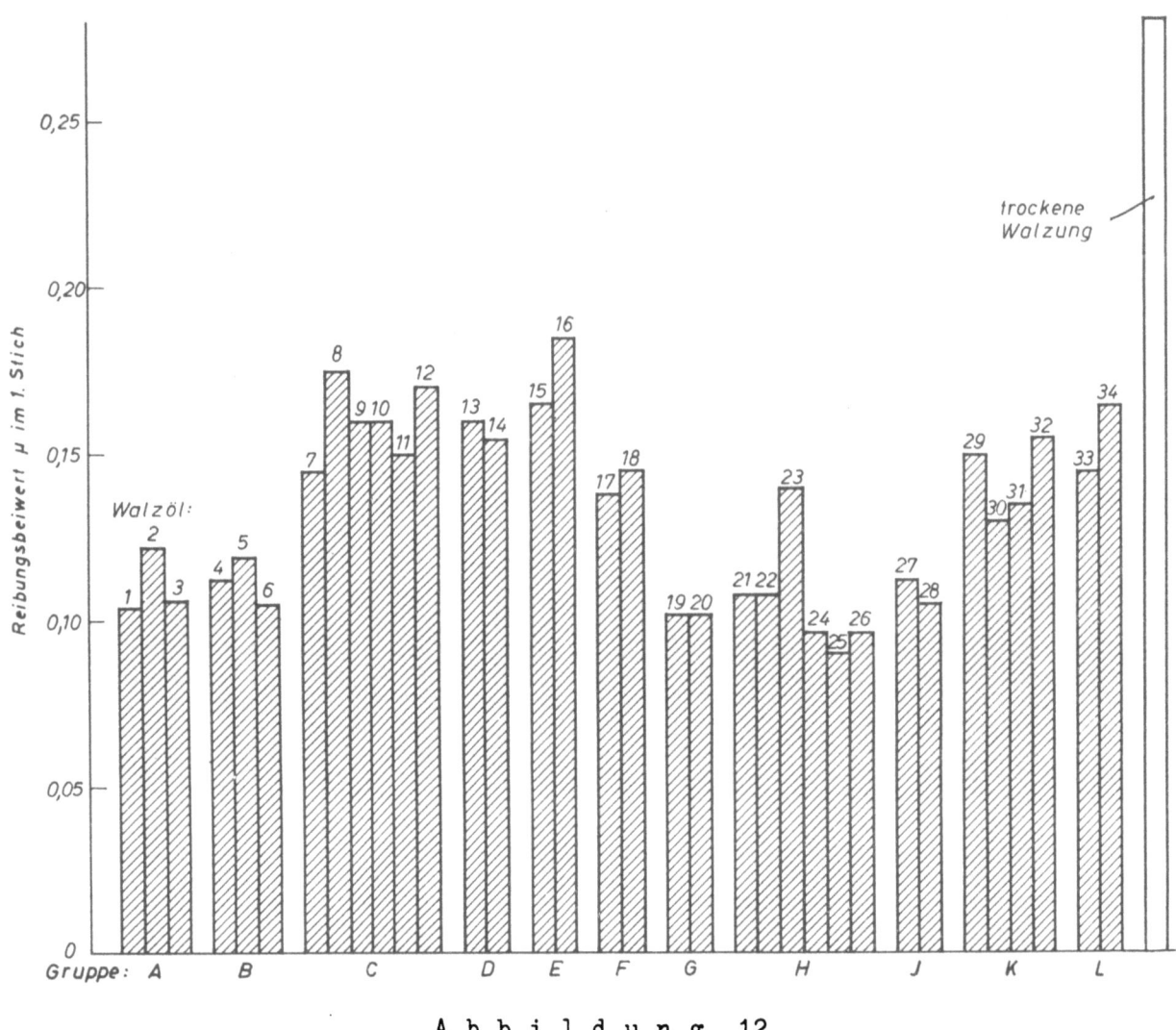

Abbildung 12

Geschätzter Reibungsbeiwert im 1. Stich bei den Walzölen 1 bis 34

Für die Berechnung der Walzkraft wurde, wie schon bei einer früheren Arbeit über den Einfluß der Walzgeschwindigkeit [11], die aus Versuchsergebnissen abgeleitete Formel von S. EKELUND [12] benutzt:

$$P = k_{fm} \cdot b_m \sqrt{r' \cdot \Delta h} \left[1 + \frac{1,6\mu \cdot \sqrt{r' \cdot \Delta h} - 1,2 \cdot \Delta h}{h_o + h_1} \right].$$

Da bei der verhältnismäßig hohen Anfangsfestigkeit des Walzgutes mit einer Abplattung der Walzen gerechnet werden muß, erschien es zweckmäßig, diese Veränderung des Walzenhalbmessers auch in der vorstehenden Formel zu berücksichtigen, d.h. r durch r' zu ersetzen. r' wurde im vorliegenden Fall aus der von J.H. HITCHCOCK [13] angegebenen Formel berechnet. Eine Nachprüfung zeigte, daß die bei den Versuchen ermittelten Walzkräfte und Dickenabnahmen ohne Berücksichtigung der Walzenabplattung Reibungsbeiwerte ergaben, die im Gebiet der reinen metallischen

Reibung lagen. In Abbildung 13 a sind für Reibungsbeiwerte von µ = 0,08 und µ = 0,20 die Walzkraftschaulinien nach S. EKELUND ohne und mit Berücksichtigung der Walzenabplattung gegenübergestellt. Danach erscheint es notwendig zu sein, bei einer quantitativen Erörterung der Walzkraftbestimmung nach S. EKELUND die Abplattung zu berücksichtigen.

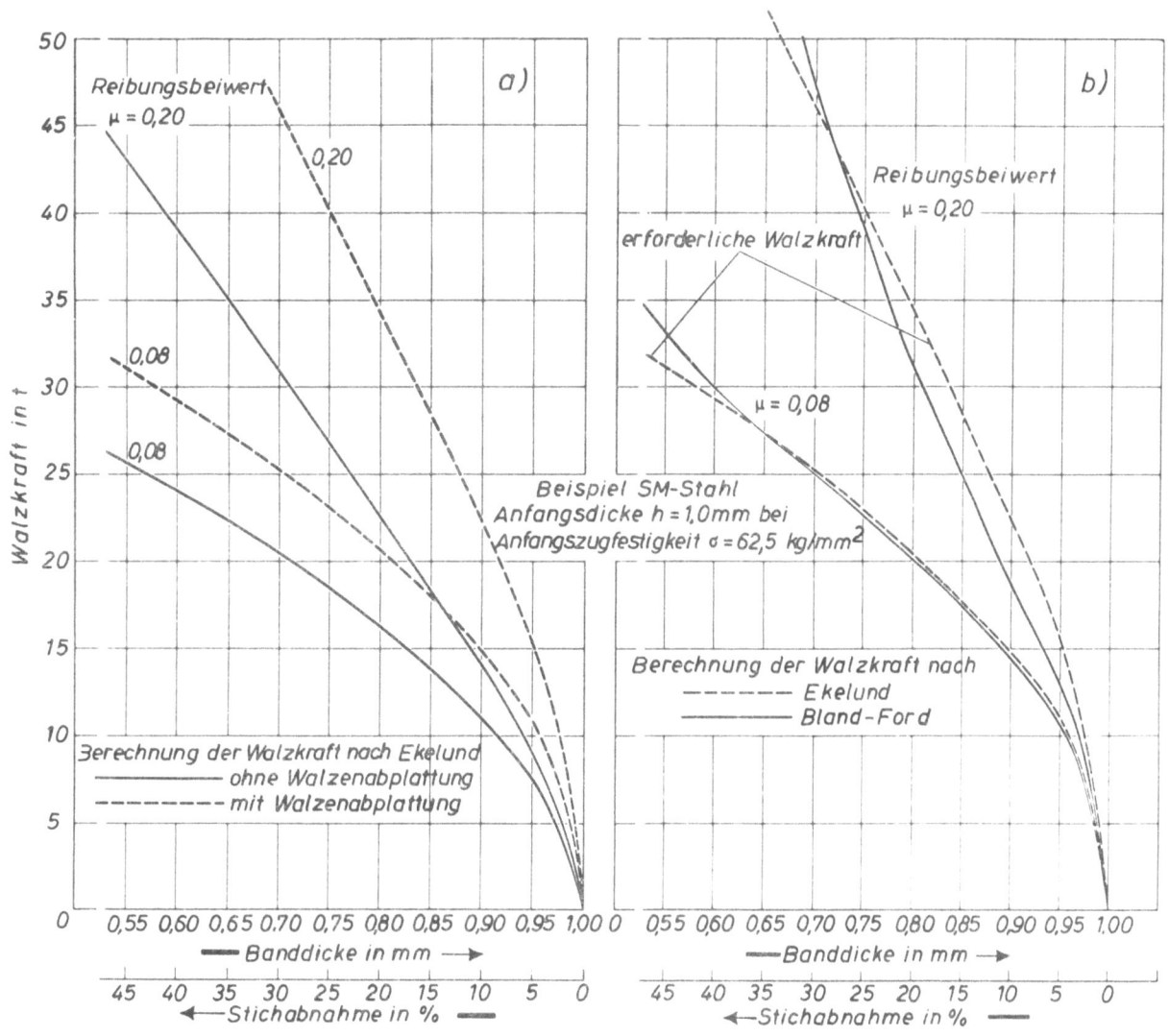

Abbildung 13

Berechnung der Walzkraft nach verschiedenen Verfahren

Die für die Walzkraftberechnung einzusetzende mittlere Formänderungsfestigkeit k_{fm} ergibt sich aus der Abhängigkeit der Formänderungsfestigkeit von der Umformung gemäß Abbildung 1. Hierbei ist zu beachten, daß diese mittlere Formänderungsfestigkeit einer mittleren Formänderung $\varepsilon_{m(F)}$ entspricht, die sich - für die Berechnung der Walzkraft bei gegebenem Verfestigungsverlauf innerhalb des Walzspaltes - nach folgender Beziehung von D.R. BLAND und H. FORD [5] errechnet:

$$\varepsilon_{m(P)} = 0,4 \; \varepsilon_1 + 0,6 \; \varepsilon_2 \; ,$$

wobei ε_1 die vor dem jeweiligen Stich schon erfolgte Formänderung, und ε_2 die Gesamtformänderung nach diesem Stich bedeuten. Da die Verfestigung verhältnisgleich der Formänderung, die Formänderung beim Walzvorgang aber nicht geradlinig über der gedrückten Länge ansteigt, so ergibt sich die für die Walzkraft gültige mittlere Formänderungsfestigkeit durch Integration des wahren Verfestigungsverlaufes über der gedrückten Länge.

Daneben besteht die Möglichkeit, die Walzkraftkennlinien nach einer Formel zu berechnen, die von D.R. BLAND und H. FORD [5] aufgestellt wurde:

$$P = k_{fm(P)} \cdot b_m \cdot \sqrt{r' \cdot \Delta h} \cdot f_3 (a, \varepsilon) \; ,$$

wobei die Größe f_3 eine dimensionslose Funktion der Walzkraft in Abhängigkeit von $a = \mu \sqrt{\dfrac{r'}{h_1}}$ und $\varepsilon = \dfrac{h_0 - h_1}{h_0}$ ist, die von Schaubildern abgelesen werden kann.

In Abbildung 13 b sind für die Reibungsbeiwerte von $\mu = 0,08$ und $\mu = 0,20$ die Walzkraftschaulinien nach S. EKELUND [12] und nach D.R. BLAND und H. FORD [5] einander gegenübergestellt. Der Vergleich läßt erkennen, daß sich nach beiden Formeln annähernd der gleiche Schaulinienverlauf ergibt; nur bei sehr großen Formänderungen, die bei den vorliegenden Versuchen aber nicht erreicht werden, sind die Abweichungen größer. Die Abschätzung des Reibungsbeiwertes würde in beiden Fällen zu den gleichen Werten führen, wenn man auch grundsätzlich die Genauigkeit des μ-Wertes mit Rücksicht auf den idealen Aufbau der Walzkraftgleichungen infrage stellen muß. Die rein rechnerische Bestimmung eines Reibungsbeiwertes kann auch deshalb nur zu einer Arbeitsgröße führen, weil man dabei von der Voraussetzung ausgeht, daß μ in der ganzen Berührungszone des Walzspaltes von gleicher Größe ist. Bei der Untersuchung einer Vielzahl von Schmierstoffen ergibt dieser errechnete mittlere Reibungsbeiwert jedoch einen guten Bewertungsmaßstab, der der Schmierwirkung eines Walzöles im ersten Stich bei gleichen Walzverhältnissen gerecht wird. Der Nachteil dieses Vorgehens liegt darin, daß die in weiteren Stichen schlechtere Schmierwirkung eines im ersten Stich guten Walzöls dabei nicht sichtbar wird.

Für einige kennzeichnende Ölproben wurde das Rechenverfahren angewandt, wobei der Wert μ für alle Stiche aus der Walzkraft, dem Formänderungsverhalten des Werkstoffs und der Geometrie des Walzvorgangs bestimmt wurde. Als Walzkraftgleichung wurde die von D.R. BLAND und H. FORD [5] benutzt. Die Walzenabplattung ließ sich nach J.H. HITCHCOCK [13] in guter Annäherung aus den gemessenen Walzkraftwerten berechnen. Für die Walzöle 6 und 7 und für die Walzölemulsion 34 sind die Ergebnisse in Tabelle 4 (s. S. 66) zusammen mit den Walzbedingungen angegeben. Da bei den vorliegenden Versuchen die Walzen wegen der geringen Banddicke mit Vorlast angestellt werden mußten, ist eine Abplattung zu erwarten, die in der Walzkraftgleichung berücksichtigt werden muß. Die Zunahme des Reibungsbeiwertes mit steigender Stichzahl ist allerdings überlegungsmäßig sinnlos; es liegt die Vermutung nahe, daß die Beziehung von J.H. HITCHCOCK [13] die Verhältnisse bei großen elastischen Verformungen der Walze nicht genau genug wiedergibt, die Rechengröße $l_d = \sqrt{r' \cdot \Delta h}$ also mit zu kleinem Zahlenwert in die Rechnung eingeht. Als weitere Fehlerquelle kann die ungenaue Bestimmung der mittleren Formänderungsfestigkeit durch den Zugversuch angesehen werden. Der Vorschlag, den Reibungsbeiwert aus der Geometrie des Walzvorganges und der gemessenen Voreilung, die mit dem Fließscheidenwinkel im Zusammenhang steht, durch Berechnung zu bestimmen, findet sich an verschiedenen Stellen im Schrifttum [6, 14, 15]. Hiernach lautet die Beziehung für den Fließscheidenwinkel

$$\beta = \frac{h_o - h_1}{4\,r} - \frac{1}{\mu}\,\frac{h_o - h_1}{4\,r},$$

woraus sich ergibt:

$$\mu = \frac{\Delta h}{\Delta h - 4\,r\cdot\beta}$$

Die bezogene Voreilung ist nach H. HOFF und Th. DAHL [16]

$$\varkappa = \beta^2 \cdot \frac{100\,r}{h_1}$$

und somit

$$\beta = \sqrt{\frac{\varkappa \cdot h_1}{100\,r}}$$

Die Bestimmungsgleichung für den Reibungsbeiwert μ lautet also dann:

$$\mu = \frac{\Delta h}{\Delta h - 4r\sqrt{\frac{\varkappa \cdot h_1}{100\,r}}}$$

In Tabelle 5 (s. S. 67) sind die Ergebnisse der Voreilungsmessung bei dem Versuch mit Walzöl 6 und die nach obenstehender Formel berechneten Reibungsbeiwerte eingetragen, wobei der Wert $\mu_{(r')}$ die Abplattung berücksichtigt. Diese Werte liegen so niedrig, daß reine Flüssigkeitsreibung vorliegen müßte. Die Walzenbedingungen sind jedoch so geartet, daß die Grundvoraussetzung für die rechnerischen Beziehungen: gleichmäßige Druckverteilung im Walzspalt, parallelepipedische Verformung und gleichbleibender Reibungsbeiwert über die ganze Berührungslänge nicht gegeben sind. Diese Abweichungen sind besonders da erkennbar, wo die Gesamtverformung hohe Beträge annimmt und die Walzen stark abplatten.

d. Zusammenhang zwischen Formänderungswiderstand und Formänderung

Da der Formänderungswiderstand k_w die Summe aus der Formänderungsfestigkeit k_f und der Spannung k_r zur Überwindung der Reibungsverluste darstellt, kann der Wert von k_{wm} bei gleichem Werkstoff mit unverändertem Verfestigungsverhalten als Maß für den Reibungsanteil beim Walzvorgang angenommen werden. Die Darstellung der Walzkraftmeßwerte in Abbildung 7 ließ keine eindeutige Beurteilung der untersuchten Schmierstoffe zu. Bezieht man jedoch bei bekannter Geometrie des Walzvorgangs die gemessene Walzkraft auf die errechnete gedrückte Fläche, so muß je nach Reibungsbeiwert der Flächendruck, d.h. der mittlere Formänderungswiderstand k_{wm} eine bessere Unterscheidung geben. In Abbildung 14 sind für die Schmierstoffgruppen C und H aus Abbildung 7 die Werte von k_{wm} über der logarithmischen Formänderung $\varphi = \ln h_o/h_1$ aufgetragen. Aus dem Verlauf der Schaulinien ergibt sich ein ähnlicher Bewertungsmaßstab wie bei der Auswertung der auslaufenden Banddicke: Die gemeinsame Ausgleichslinie für die Schmierstoffe auf Talggrundlage (Walzöle 21 bis 24) zeigt in Abhängigkeit von der Formänderung die niedrigsten k_{wm}-Werte, etwas ungünstiger liegen die Ergebnisse mit Neutralwollfett, während die Mineralölproben 7 bis 12 schlecht abschneiden. Zum Vergleich dient die Schaulinie für den trockenen Walzvorgang, die einen sehr hohen mittleren Formänderungswiderstand ausweist. Der steilere Anstieg der Linienzüge oberhalb 70 % Gesamtstichabnahme ist in allen Fällen auf die zunehmende Abplattung der Walzen zurückzuführen, da sich hier der mittlere Formänderungswiderstand auf die theoretisch ermittelte gedrückte Fläche bezieht, bei der die Walzenabplattung nicht berücksichtigt ist. Diese Darstellungsweise reicht jedoch für einen Vergleich der Schmierstoffe untereinander aus und ermöglicht eine eindeutige Bewertung.

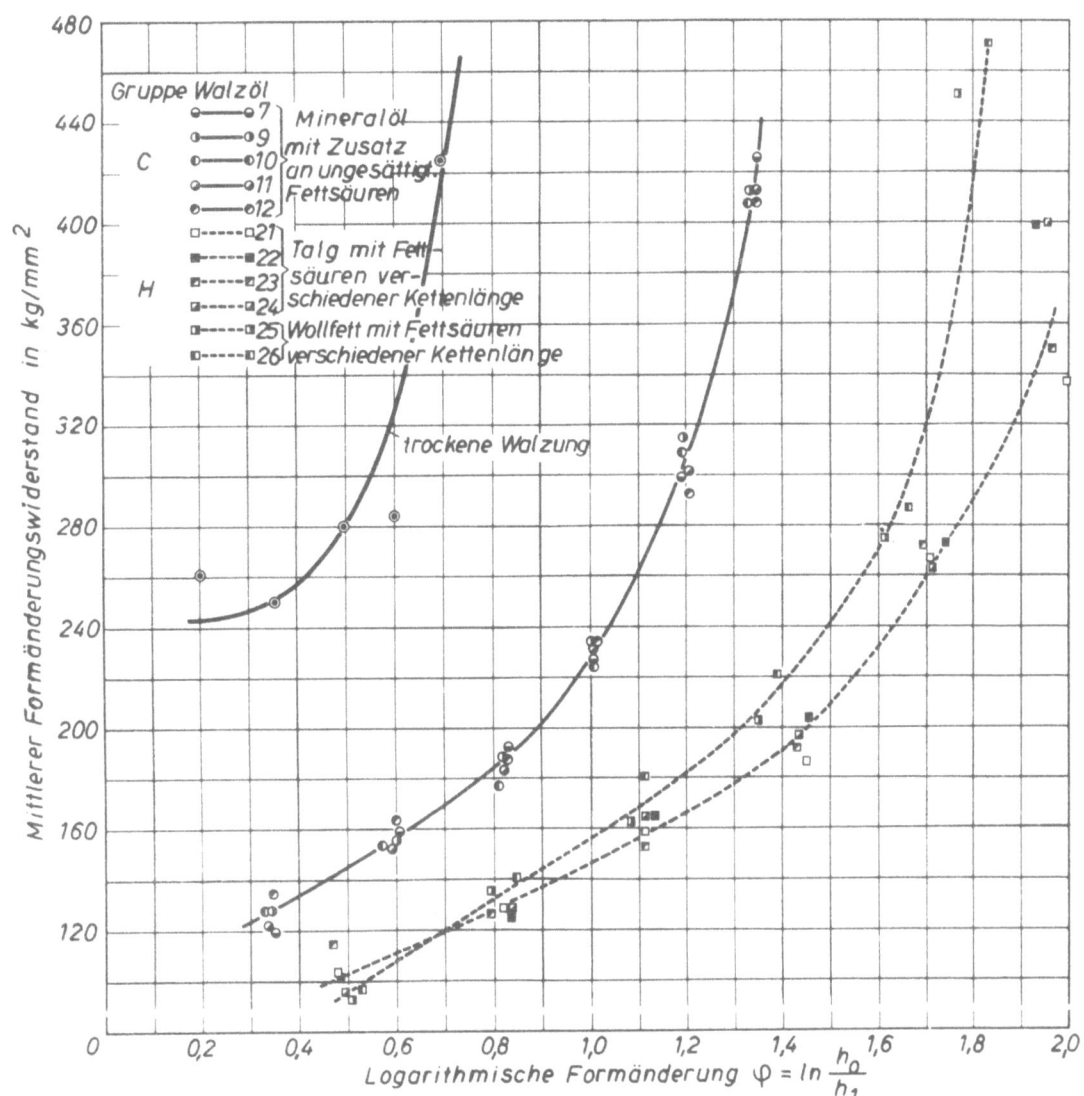

Abbildung 14

Mittlerer Formänderungswiderstand beim Walzen mit den Walzölen 7, 9, 10 bis 12 (Gruppe C) und 21 bis 26 (Gruppe H)

Bemerkenswert ist auch hier der Verlauf von k_{wm} für die Talg- und Wollfettschmierstoffe. Während die Talggrundlage allgemein eine größere Gesamtverformung ergibt, ist bei den Wollfetten die Stichabnahme im ersten Stich größer, die Ausgleichslinien schneiden sich also im unteren Bereich. Zu demselben Ergebnis führte bereits die Bewertung nach dem Abschätzverfahren für den Reibungsbeiwert.

Um die bei den Versuchen auftretenden k_{wm}-Werte in ihrem gesamten Bereich besser verfolgen zu können, wurden in Abbildung 15 die Ergebnisse der jeweils besten Walzöle aller Gruppen zusammengestellt. Auch hieraus wird die Bewertung nach der erreichten Gesamtverformung eindeutig unter-

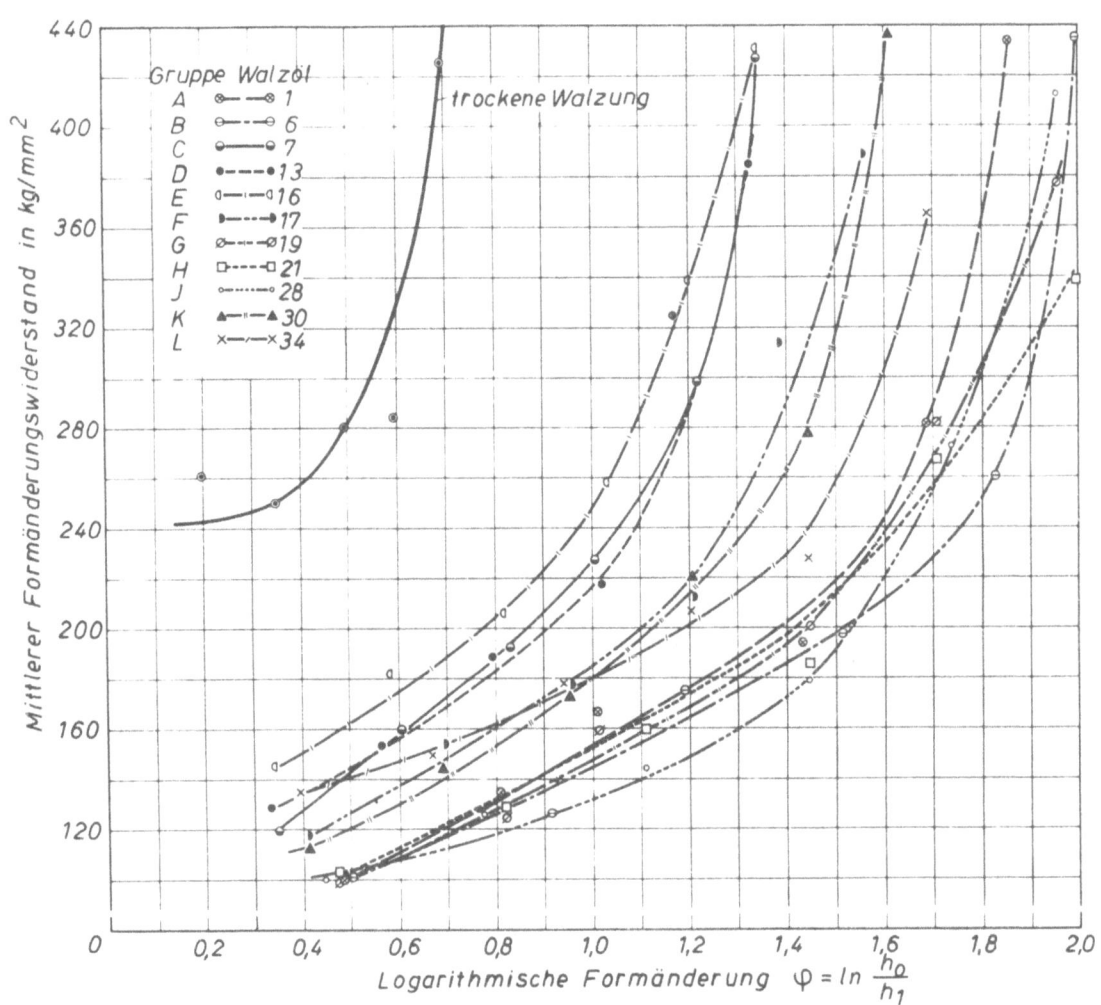

Abbildung 15

Mittlerer Formänderungswiderstand beim Walzen der besten Walzöle
aus den Gruppen A bis L

stützt; der Schaulinienverlauf gibt darüber hinaus Auskunft über die Güte der Schmierwirkung in den einzelnen Stichen. Überschneidungen von Schaulinien zeigen dabei an, daß bei zunehmender Gesamtverformung und Flächenpressung das Reibungsverhalten ungünstiger wird, der jeweilige Schmierstoff also für hohe Beanspruchungen beim Kaltwalzen weniger geeignet ist. Wenn bei betrieblichen Untersuchungen die Möglichkeit besteht, die Walzkraft mit genügender Genauigkeit zu bestimmen, so ist die Ermittlung des mittleren Formänderungswiderstandes vor allen anderen Bewertungsmaßstäben zu empfehlen, da der Wert k_{wm} in Abhängigkeit von der Formänderung die anschaulichste Beurteilung im ganzen Bereich der Walzfolge zuläßt. Als Vorzug ist außerdem zu werten, daß Versuchsergebnisse von verschiedenen Walzwerksanlagen unter Verwendung willkürlicher Anstellungsfolgen vergleichbar sind.

Bei einer abschließenden Betrachtung der festgestellten Zusammenhänge zwischen Schmierwirkung, Zusammensetzung und Kennwerten der untersuchten Walzöle ergibt sich mit Sicherheit eine grundlegende Aussage: Für die Schmierwirkung ist vor allem von Bedeutung, wie das reine Grundöl aufgebaut ist. Da sich Talg aus langkettigen Glyzeriden zusammensetzt, ist mit Talgschmierstoffen eine gute Schmierwirkung zu erzielen. Mineralöl dagegen baut sich auf ungesättigten Fettsäuren auf, deren Druckbeständigkeit wesentlich geringer ist. Der Zusatz von freien Fettsäuren ist bei einem schlecht schmierenden Grundöl nur dann wirksam, wenn diese freien Fettsäuren einen beträchtlichen Anteil des Schmierstoffes ausmachen; bei einem gut schmierenden Grundstoff wie Talg, haben geringe Fettsäurezusätze einen unbedeutenderen Einfluß auf die Schmierwirkung. Nach den Versuchsergebnissen scheint im letzten Falle ein Zusammenhang zwischen Viskosität und Schmierverhalten zu bestehen, und zwar verbessert sich ein Grundöl dann, wenn durch Zusatz von freien gesättigten Fettsäuren die Viskosität des Grundöls herabgesetzt wird. Der Zusatz von ungesättigten Fettsäuren hat dagegen keine Wirkung.

6. Versuchsergebnisse beim Walzen mit Emulsionen aus handelsüblichen Walzölen

a. Grundsätzliches über Emulsionen und Emulgatoren

Eine Emulsion ist die feinste tropfenförmige Verteilung eines flüssigen Stoffes in einem anderen flüssigen Stoff. Dabei wird der Anteil, der die Tropfen bildet, mit disperser oder offener Phase, der Anteil, der die Tropfen umgibt, mit Dispersionsmittel oder geschlossener Phase bezeichnet. Bei einer Öl/Wasser-Emulsion ist Wasser das Dispersionsmittel, während bei einer Wasser/Öl-Emulsion Wasser in Tropfenform im Öl als Dispersionsmittel verteilt ist. Bei technischen Emulsionen liegt als dritter Stoff ein Emulgator vor, der eine weitgehende Emulsionsbildung, z.B. beim Schütteln und Rühren, überhaupt erst vermittelt und gleichzeitig verhindert, daß eine Entmischung auftritt.

Nach heutigen Vorstellungen ist eine Emulsionsbildung nur dann möglich, wenn eine Adsorption zwischen den drei Stoffen stattfindet. Disperse Phase und Dispersionsmittel sind hierbei dicht aneinander gelagert; der Emulgator stellt eine Trennschicht in Form eines dünnen Films dar, und zwar in der Weise, daß durch ihn die scharfe Abgrenzung zwischen zwei Phasen oder zwischen allen drei Stoffen aufgehoben wird. Diese lösungsartigen Übergänge werden von der Art des Emulgators bestimmt, der zur

Lösung in Wasser, in Öl oder gleichzeitig in beiden Phasen neigt[1].
Die Hauptaufgabe des Emulgators ist, die Grenzflächenspannung zwischen
disperser Phase und Dispersionsmittel herabzusetzen, wobei gleichzeitig
die Größe der Tröpfchen abnimmt.

Diese Vorstellungen werden anschaulicher, wenn man die beiden Grenzfälle
für eine Zweiphasen-Mischung betrachtet: bei hohen Grenzflächenspannungen nehmen die Teilchen der dispersen Phase eine möglichst große Tropfenform an, Unterschiede im spezifischen Gewicht führen zum Auftrieb und
Zusammenballen: die Emulsion entmischt sich. Bei fehlender Grenzflächenspannung mischen sich beide Stoffe vollständig, d.h. sie sind ineinander löslich. Alle beständigen Emulsionen liegen wie die kolloidalen
Lösungen zwischen diesen beiden Grenzen. Die Güte eines Emulgators
hängt davon ab, wie weit er die Grenzflächenspannung und damit die
Tröpfchengröße erniedrigt. Die heute gebräuchlichen Emulsionen haben
eine Teilchengröße von 10^{-2} bis 10^{-4} mm; durch neuartige Homogenisierungsverfahren können kolloidale Größenordnungen von 10^{-4} bis 10^{-6} mm
= $0,1\mu$ bis $1\,m\mu$ erreicht werden.

Als Emulgatoren können zahlreiche Stoffe dienen, die oleophile, hydrophile oder gleichzeitig beide Eigenschaften haben. Über die Einteilung
der heute gebräuchlichen Emulgatorarten finden sich im Schrifttum
[17, 18, 19] verschiedene Hinweise. So ist es möglich, eine Trennung
zwischen echten Emulgatoren und Stabilisatoren vorzunehmen: während
Emulgatoren immer durch Ionenaustausch wirken und ihrem Aufbau nach
anionen- oder kationenaktiv sind, wirken bei den Stabilisatoren nur
physikalische Kräfte, ein Ionenaustausch findet dagegen nicht statt.
Bei den heute verwendeten Emulgatoren sind gleitende Übergänge zwischen
beiden Eigenschaften vorhanden, so daß die stabilisierende Phase sowohl
als Emulgator als auch als Stabilisator wirkt.

Allen in der Emulsionschemie vorkommenden und verwendeten Fällen wird
die Einteilung in niedermolekulare und hochmolekulare Emulgatoren gerecht, wobei im Zusammenhang mit Walzölemulsionen die niedermolekularen
Arten mit hydrophilen oder oleophilen Eigenschaften von besonderer Bedeutung sind. Auch hier wird zwischen anionen- und kationenaktiven sowie
nichtionischen Stoffen unterschieden; hinzu kommen niedermolekulare
Emulgatoren, die durch ihren vorwiegend esterartigen Aufbau sowohl Öl-in-Wasser- als auch Wasser-in-Öl-Emulsionen stabilisieren.

---

1. Die beiden erstgenannten Neigungen werden auch als hydrophil und
   oleophil bezeichnet

Schon dieser kurze Überblick offenbart die Schwierigkeiten, die einer
Beurteilung von Wälzölemulsionen entgegenstehen.

b. Emulsionen zum Kaltwalzen

Bei den neueren handelsüblichen Erzeugnissen können nachträglich nur
Mutmaßungen über den Aufbau des Emulgators angestellt werden. Auch die
Kennwerte des Grundöls sind am gebrauchsfertigen Emulsionsöl nicht eindeutig zu bestimmen, da die Gegenwart eines Emulgators oder Stabilisators unter Umständen zu falschen Ergebnissen bei der Bestimmung der
Gesamtfettsäure, der freien Fettsäure und des Unverseifbaren führt.
So kann beispielsweise die Untersuchung bei einem Emulsionsöl unbekannter Zusammensetzung einen Gehalt an freier Fettsäure ergeben, der im
Grundöl gar nicht enthalten ist und daher beim Reibungsvorgang nicht
unmittelbar wirksam werden kann.

Weiter tritt die Frage auf, in welchem Maße der Aufbau eines Emulgators
die Schmierwirkung des Grundöls beeinflußt. Untersuchungen grundsätzlicher Art über diesen Einfluß sind bisher nicht durchgeführt worden.
Es ist zu erwarten, daß ein und dasselbe Öl mit verschiedenen Emulgatoren unterschiedliche Eignung zum Kaltwalzen haben wird; eine Deutung
entsprechender Feststellungen wird aber erst sinnvoll, wenn auch Zusammensetzung und Eigenschaften der Emulgatoren bekannt sind.

Eine weitere Frage gilt dem Einfluß des Mischungsverhältnisses Öl/Wasser
auf das Schmierverhalten einer Emulsion. Da die Emulgatoren je nach
ihrer Art das Grundöl mit verschiedener Teilchengröße in der wässrigen
Emulsion halten, liegt die Annahme nahe, daß die Zahl der Tropfen und
ihre Größe in einem bestimmten Verhältnis stehen müssen, um die beste
Schmierwirkung zu erzielen. Die Teilchengröße ist dabei vom Emulgator,
ihre Anzahl oder Teilchendichte vom Mischungsverhältnis abhängig. Jedes
Stammöl wird also entsprechend dem verwendeten Emulgator mit dem Dispersionsmittel Wasser ein günstigstes Mischungsverhältnis haben, das von
Fall zu Fall durch Walzversuche ermittelt werden muß. Die Feststellungen
von J. BILLIGMANN [2] unterstützen diese Überlegungen: bei den von ihm
untersuchten Ölemulsionen fand sich nämlich kein eindeutiger Zusammenhang zwischen Mischungsverhältnis und Schmierwirkung: während eines der
Emulsionsöle mit steigender Konzentration bessere Walzeigenschaften aufwies, zeigte ein anderes Öl das entgegengesetzte Verhalten.

Schließlich ist auch der Kalkgehalt des verwendeten Wassers von Einfluß;
er führt zur Kalkseifenbildung, wenn das Grundöl freie Fettsäuren

enthält oder Fettsäureverbindungen, die eine Affinität zu Kalzium haben. Hierbei ist von Bedeutung, in welchem Maße die gebildete Kalkseife den Schmiervorgang im Walzspalt unterstützt oder behindert. Die Zusammenhänge werden jedoch unübersichtlicher, wenn man die Wechselbeziehungen zwischen den im Wasser vorliegenden Ionen und dem Verhalten des Emulgators betrachtet. Da man durch Ionenzufuhr zu einer Emulsion den elektrischen Energiegehalt so verändern kann, daß eine Phasenumkehr eintritt, ist überlegungsmäßig eine Beeinflussung der Teilchengröße und damit der Beständigkeit der Emulsion in weiten Grenzen möglich. Diese durch geringe Ionenzufuhren des Leitungswassers bedingten Vorgänge sind nur anzunehmen, wenn echte Emulgatoren zugegen sind, weil Stabilisatoren keinen Ionenaustausch ermöglichen. Angesichts dieser Möglichkeiten darf man vermuten, daß ein gleichsinniger Zusammenhang zwischen der Schmierwirkung von Emulsionen und dem Kalkgehalt des verwendeten Wassers nicht besteht, sondern daß jedes Emulsionsöl sein kennzeichnendes Verhalten zeigt.

Die Beurteilung von Walzölemulsionen im Kaltwalzversuch wird schließlich noch durch den Umstand erschwert, daß ein und dasselbe handelsübliche Walzöl unter Umständen bei jeder neuen Lieferung ein unterschiedliches Schmierverhalten besitzt.

c. Versuchsergebnisse

In Abbildung 16 sind die Meßwerte der Banddicke für die Walzölemulsionen 35 bis 38 in Abhängigkeit von der Walzenanstellfolge dargestellt. Aus dem Schaulinienverlauf geht eindeutig hervor, daß die auf neutralen Fetten aufgebauten Emulsionen des Walzöls 35 ein wesentlich besseres Schmierverhalten zeigen als die auf Mineralöl aufgebauten Emulsionen 36 bis 38. Die Ergebnisse für die drei Mineralölemulsionen liegen so dicht beieinander, daß zur besseren Übersicht die entsprechenden Schaulinien vom 4. bis zum 6. Stich in der oberen Abbildungshälfte vergrößert eingezeichnet sind. Da das Walzöl 35 mit Leitungswasser in verschiedenem Mischungsverhältnis angesetzt wurde, ist hierbei auch die Ermittlung der günstigsten Konzentration möglich. Die dargestellten Meßwerte zeigen, daß die Emulsionen mit 1 : 100 und 1 : 50 die größte Dickenabnahme ergaben, wobei zu bemerken ist, daß die am stärksten verdünnte Emulsion auch im 5. Stich schon das beste Schmierverhalten hatte. Man kann allerdings aus dem Schaulinienverlauf beider Emulsionen vermuten, daß die gute Schmierwirkung der Probe mit einem Mischungsverhältnis 1 : 100 im 6. Stich weitgehend erschöpft ist, bei weiterer Verformung würde

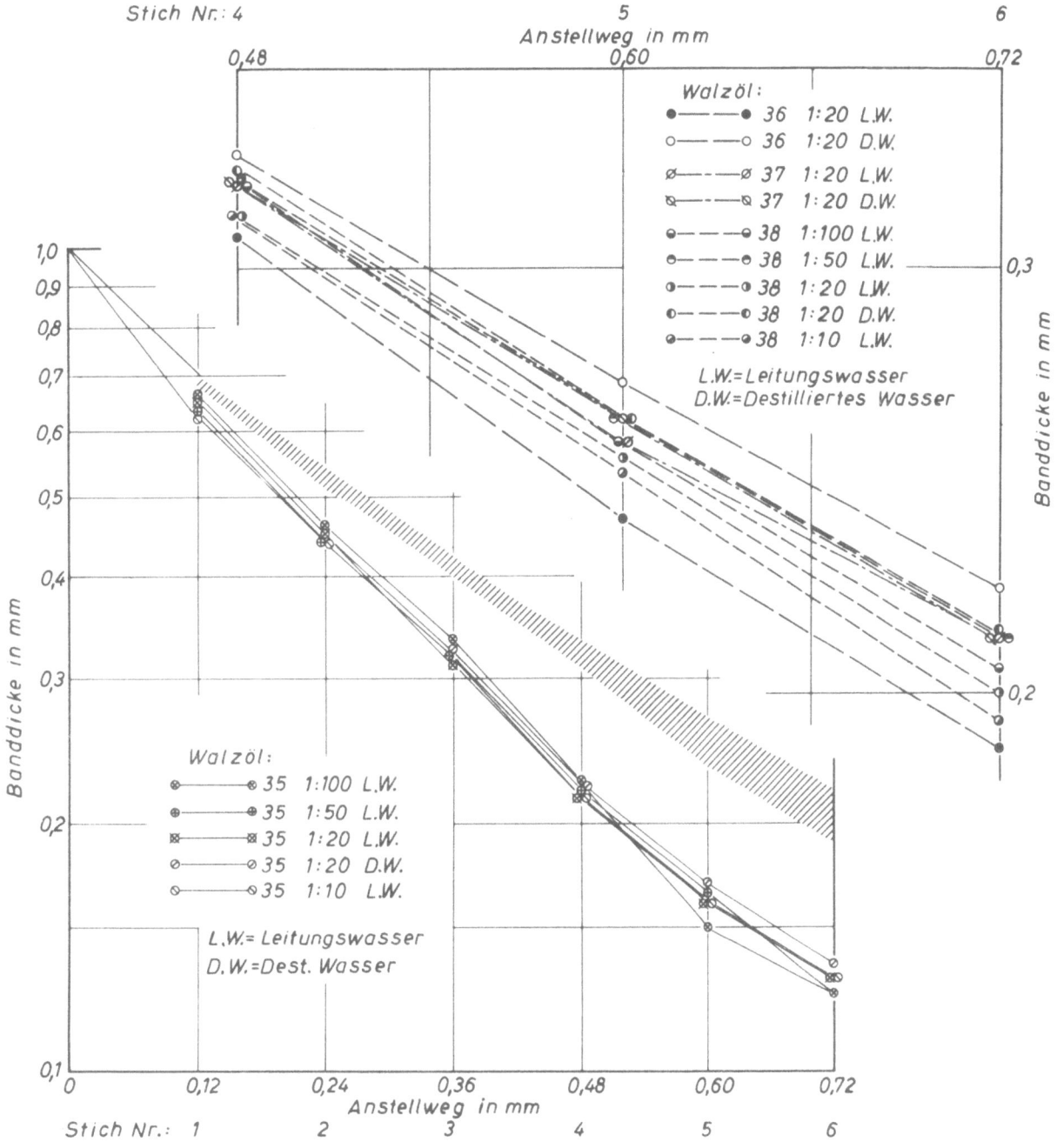

Abbildung 16

Banddicke beim Walzen mit Emulsionen aus den Walzölen 35 bis 38
in Abhängigkeit vom Anstellweg

wahrscheinlich das Mischungsverhältnis 1 : 50 die besten Ergebnisse haben. Das in diesem Zusammenhang schlechteste Schmierverhalten ließ die mit destilliertem Wasser angesetzte Emulsion 1 : 20 erkennen; die Proben mit Mischungsverhältnissen von 1 : 10 und 1 : 20 mit Leitungswasser lagen mit der von ihnen erreichten Endbanddicke etwas günstiger.

Bei den Mineralölemulsionen zeigte die Probe mit Walzöl 36 und Leitungswasser im Verhältnis 1 : 20 die beste Schmierwirkung; dieselbe Emulsion, jedoch mit destilliertem Wasser, ergab die geringste Gesamtverformung. Die übrigen Proben lagen zwischen diesen beiden Grenzfällen, wobei noch besonders zu bemerken ist, daß die Emulsionen mit Walzöl 38 in Abhängigkeit von der Ölkonzentration eine andere Bewertungsreihenfolge ergaben als das auf neutralen Fetten aufgebaute Emulsionsöl 35. Nach der erreichten Endbanddicke war bei Walzöl 38 ein Mischungsverhältnis von 1 : 10 mit Leitungswasser am günstigsten, die Schmierwirkung nahm dann mit zunehmender Verdünnung der Emulsion deutlich ab.

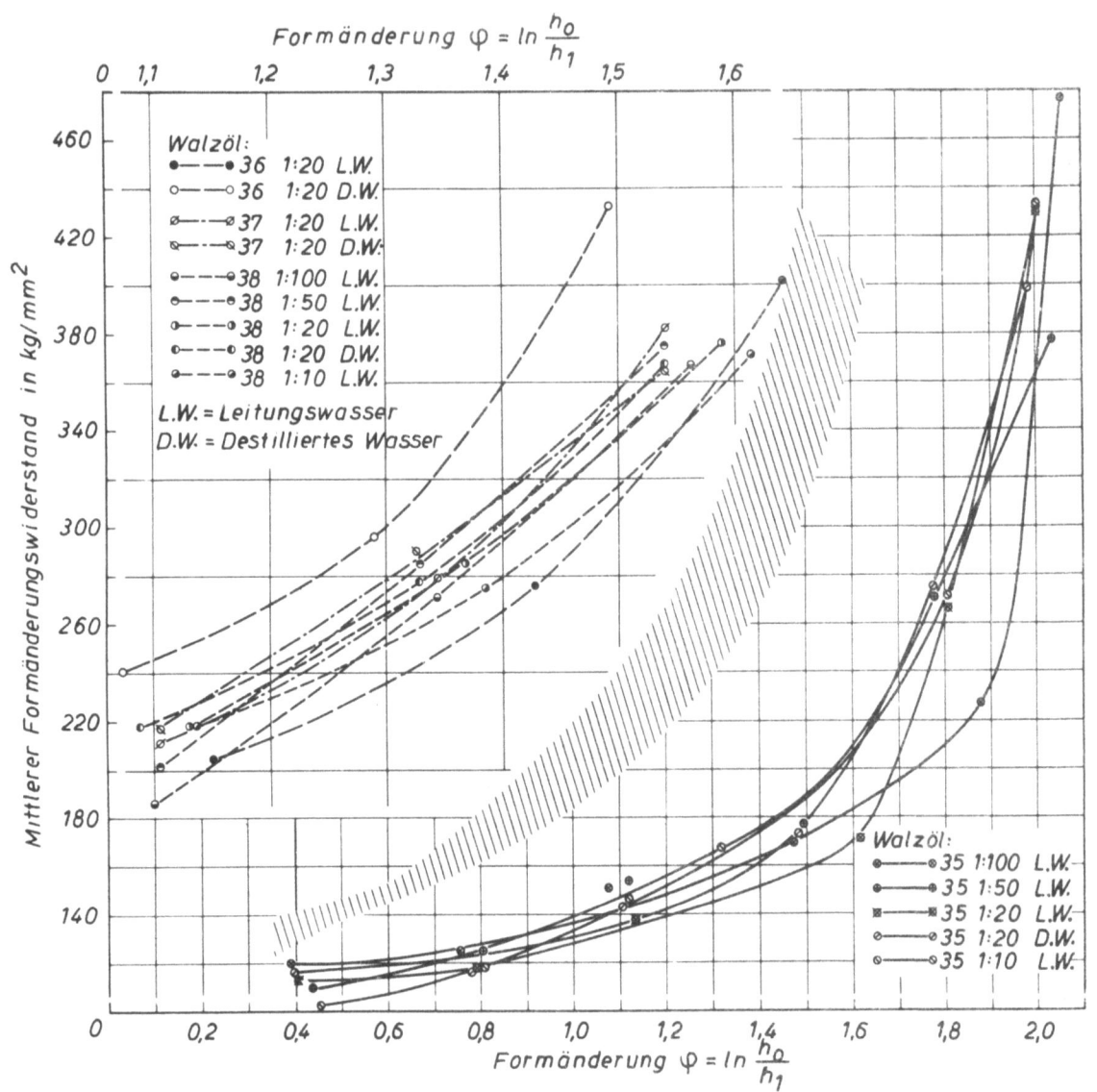

Abbildung 17

Mittlerer Formänderungswiderstand beim Walzen
mit Emulsionen aus den Walzölen 35 bis 38

Zu derselben Beurteilung der untersuchten Emulsionen führt der Vergleich des mittleren Formänderungswiderstandes. In Abbildung 17 sind die entsprechenden Ausgleichslinien für die Walzöle 35 bis 38 in Abhängigkeit von der Formänderung dargestellt, wobei für die auf Mineralöl aufgebauten Emulsionen der Formänderungsbereich von φ = 1,1 bis 1,6 in der linken oberen Bildhälfte vergrößert abgebildet ist. Auch hier ist zunächst die eindeutig bessere Schmierwirkung des Walzöls 35 zu erkennen; die Reihenfolge im Schmierverhalten stimmt mit den Ergebnissen der erreichten Enddicke des Bandes vollkommen überein. Ferner wird durch den Schaulinienverlauf die oben angedeutete Vermutung bestätigt, daß die aus Walzöl 35 angesetzte Emulsion im Mischungsverhältnis 1 : 100 im letzten Walzstich in der Schmierwirkung erschöpft ist; im 5. Walzstich ist noch die Konzentration 1 : 100 allen anderen überlegen, im 6. Stich bringt aber das Mischungsverhältnis 1 : 50 das beste Ergebnis.

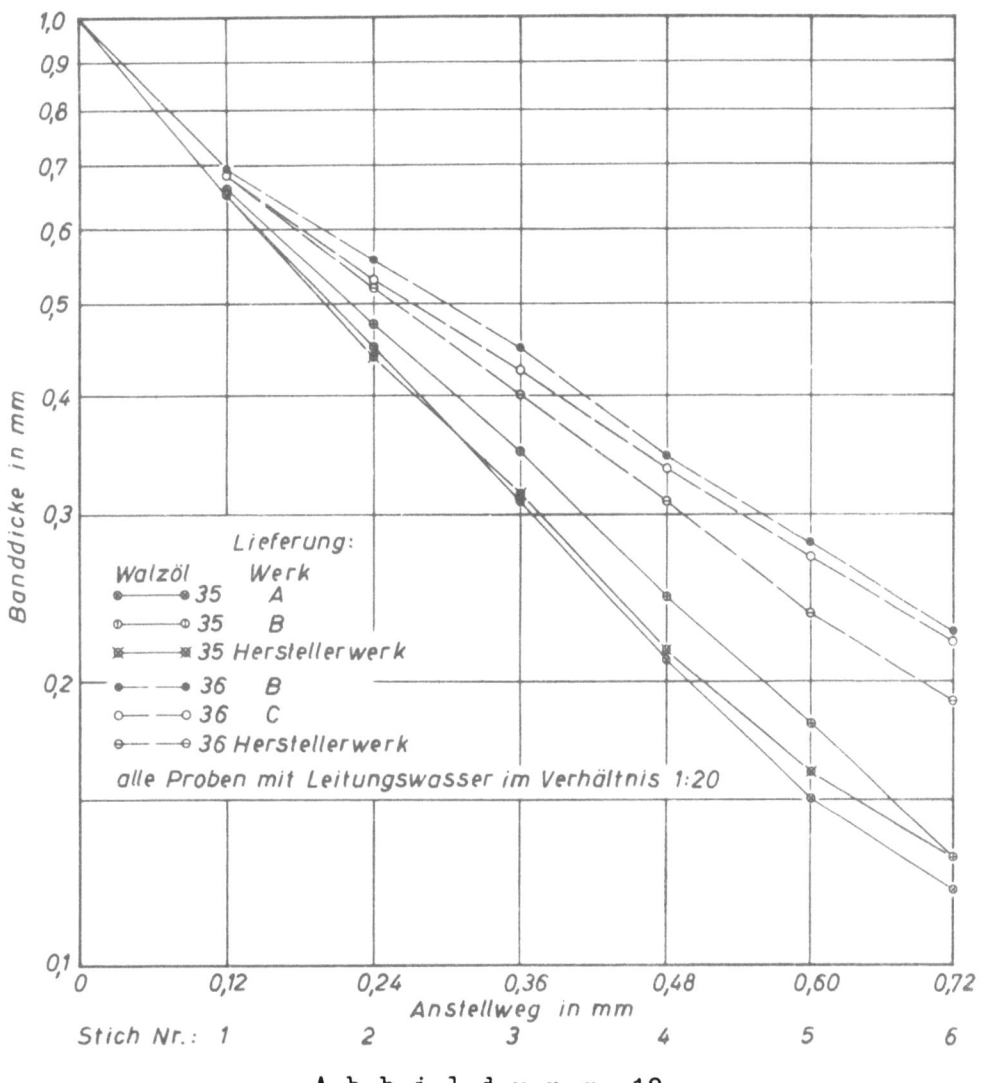

Abbildung 18

Banddicke beim Walzen mit den Walzölemulsionen 35 und 36 aus verschiedenen Lieferungen in Abhängigkeit vom Anstellweg

Seite 43

Die Beobachtung, daß ein und dasselbe Walzöl je nach Lieferung ein unterschiedliches Schmierverhalten haben kann, bestätigte sich in der vorliegenden Untersuchung, in der von drei verschiedenen Kaltwalzbetrieben gelieferte Proben der Walzöle 35 und 36 im Walzversuch mit solchen des Herstellwerkes verglichen wurden. Die dabei erreichten Banddicken sind in Abbildung 18 veranschaulicht. Bei Walzöl 35 stimmte das Schmierverhalten der Proben von Werk A und dem Hersteller bis etwa zum 4. Walzstich überein, darüber hinaus zeigte die Emulsion von Werk A das bessere Ergebnis, während die von Werk B gelieferte Probe zusammen mit dem vom Hersteller stammenden Emulsionsöl dieselbe Enddicke des Bandes erzielte. Man kann hieraus folgern, daß durch wahrscheinlich geringfügige und unbeabsichtigte Änderungen in der Zusammensetzung des Stammöls oder durch unterschiedliche Lagerung und Aufbewahrung die Wirkung der Emulsion beim Walzen auffällig verändert werden kann. Das kann entweder zu einer grundsätzlich unterschiedlichen Schmierwirkung führen (Lieferung Werk A - Werk B) oder zu einer frühzeitigen Erschöpfung im Schmierverhalten (Lieferung Hersteller - Werk A).

Das auf neutralen Fetten aufgebaute Emulsionsöl 35 besitzt im Anlieferungszustand eine salbenartige Konsistenz und trocknet nach monatelanger Aufbewahrung ein oder erfährt eine Umsetzung: in der Art und Zusammensetzung und ihrer Veränderlichkeit mit der Zeit kann daher schon der Grund für ein unterschiedliches Schmierverhalten gesehen werden. Bei einem auf Mineralöl aufgebauten Stammöl einer Emulsion ist diese Erklärungsmöglichkeit jedoch ausgeschlossen, da die Proben auch nach längerer Lagerungszeit unverändert flüssig bleiben und keine Entmischung oder sonstige Veränderung erkennen lassen. Die Meßwerte für die Emulsionen mit Walzöl 36 veranschaulichen, daß die Lieferung aus dem Herstellerwerk das beste Schmierverhalten hatte, die Proben aus Werk B und C stimmten im Rahmen der Meßgenauigkeit weitgehend miteinander überein und ließen eine schlechtere Schmierwirkung erkennen.

Dieselben Zusammenhänge ergeben sich auch aus den Schaulinien des mittleren Formänderungswiderstandes in Abbildung 19. Der Unterschied im Schmierverhalten ist hierbei besonders ausgeprägt für die Mineralölemulsionen aus Walzöl 36.

Die Walzöle 39 bis 45 sind sehr verschiedenartige Schmierstoffe: während Walzfett 39, Einfettöl 42 und die Emulsionsöle 40 und 43 auf Mineralölgrundlage aufgebaut sind, handelt es sich bei Walzöl 41 um ein Palmfett mit 17 % freier Fettsäure und bei den Emulsionsölen 44 und 45 um reine

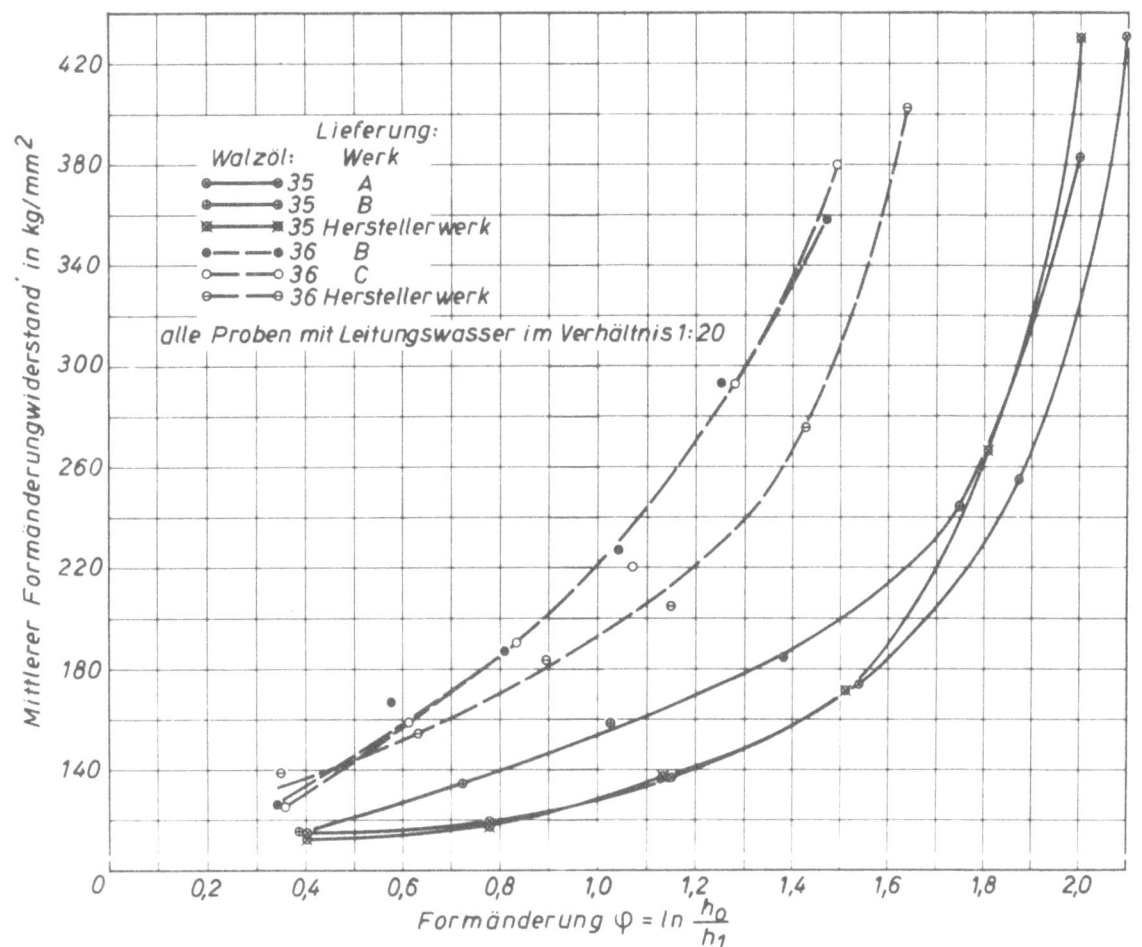

Abbildung 19

Mittlerer Formänderungswiderstand beim Walzen mit den
Walzölemulsionen 35 und 36 aus verschiedenen Lieferungen

Palmölemulsionen. In Abbildung 20 ist die unterschiedliche Schmierwirkung der beiden Grundstoffarten gut zu erkennen: alle Walzöle oder Emulsionen auf Mineralölgrundlage liegen in ihrer End-Banddicke nicht unter 0,20 mm. Die Emulsionen aus Walzöl 43 zeigten bei einem Mischungsverhältnis von 1 : 20 mit Leitungswasser das beste Schmierverhalten, bei einer Verdünnung der Emulsion nimmt auch die erreichte Gesamtverformung ab. Die schlechteste Schmierwirkung läßt in diesem Zusammenhang Einfettöl 42 erkennen; von allen Mineralölstoffen erzielt die Emulsion aus Walzöl 40 die besten Ergebnisse.

Während mit reinem Palmöl (Walzöl 41) eine Enddicke von 0,17 mm erreicht wird, liegen die Palmölemulsionen 44 und 45 in ihrem Schmierverhalten eindeutig besser. Bemerkenswert sind auch die Ergebnisse, die mit der Mineralölemulsion 43 im betrieblich neuangesetzten Zustand und nach einer monatelangen Verwendung im Emulsionskreislauf eines Weißband-Umkehrgerüstes erzielt wurden: während mit der neuen Emulsion nur eine

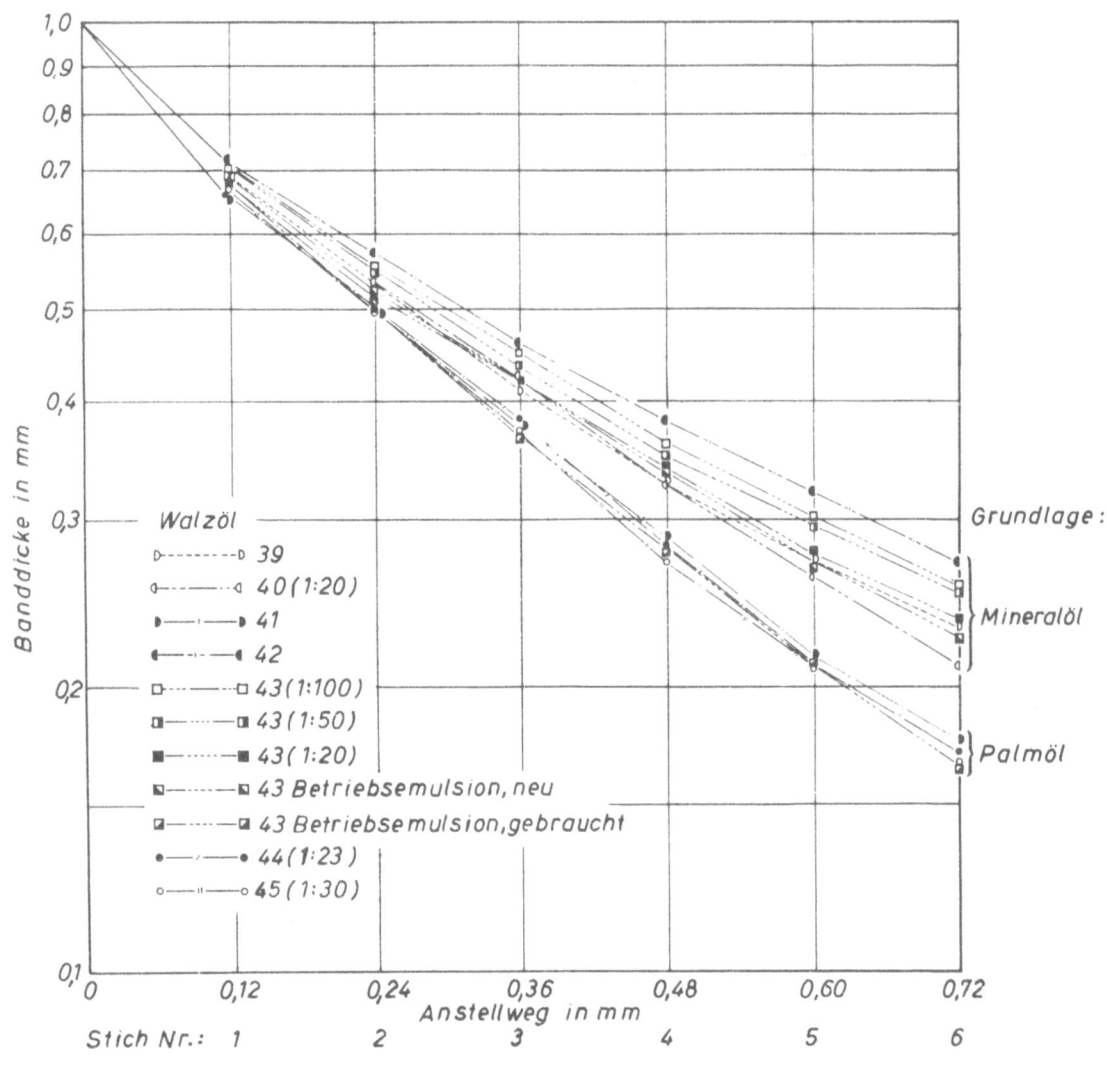

Abbildung 20
Banddicke beim Walzen mit den Walzölemulsionen 39 bis 45
in Abhängigkeit vom Anstellweg

Enddicke von 0,22 mm erreicht wurde, war mit der gebrauchten ein Abwalzen auf 0,16 mm möglich. Der Grund für dieses unterschiedliche Verhalten mag in der laufenden Anreicherung der Emulsion an Palmöl gesucht werden. Da das Band beim Kaltwalzen bis auf Feinblechdicke zusätzlich mit Palmöl eingefettet wird, gelangt dessen Überschuß in den Emulsionskreislauf und wird durch den vorhandenen Emulgator emulgiert. Dieselbe unterschiedliche Schmierwirkung geht aus Abbildung 21 hervor, in der der Zusammenhang zwischen mittlerem Formänderungswiderstand und der Formänderung dargestellt ist. Auch hier bilden die Walzöle 42, 44, 45 und die aus einem betrieblichen Emulsionskreislauf entnommene Emulsion aus Walzöl 43 eine in ihrer Schmierwirkung zusammengehörige Gruppe, während alle auf Mineralöl aufgebauten Schmiermittel eindeutig schlechter liegen.

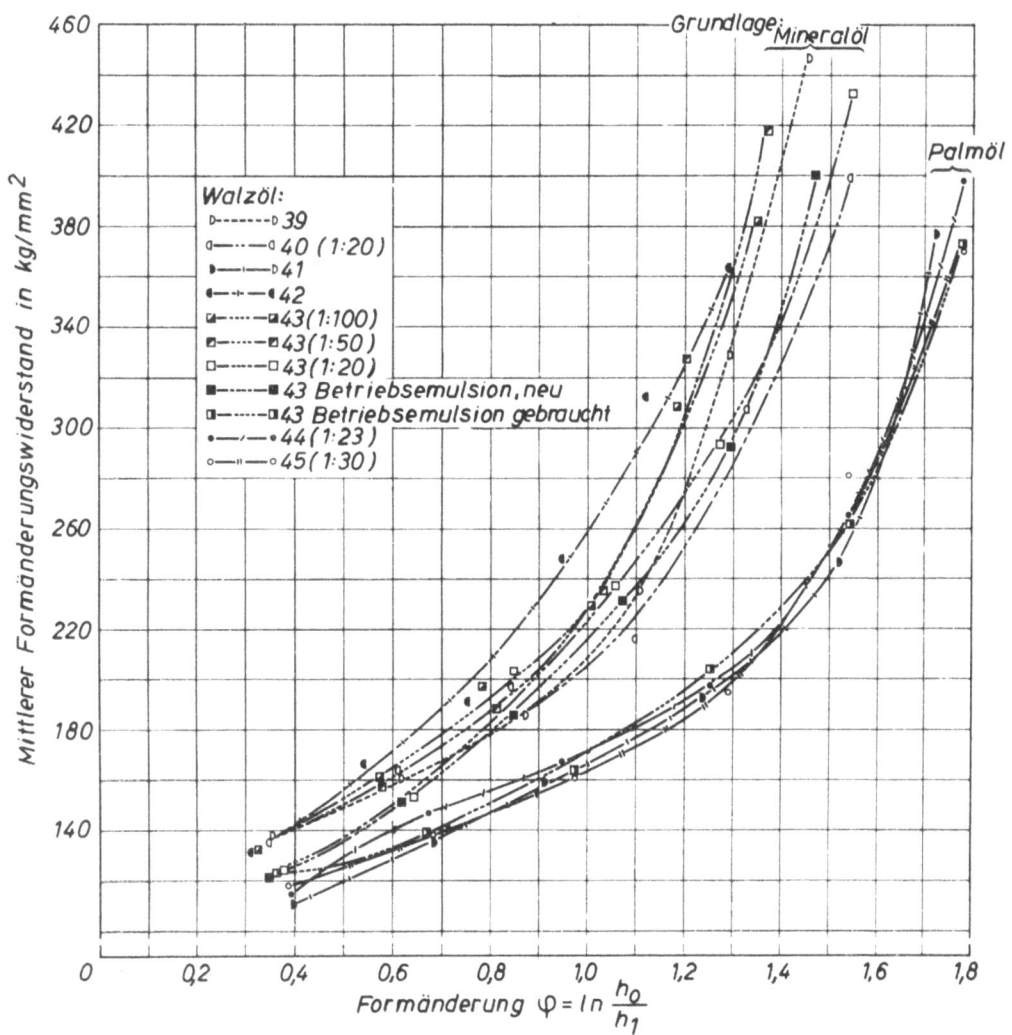

Abbildung 21

Mittlerer Formänderungswiderstand beim Walzen mit
den Walzölemulsionen 39 bis 45

Die Gruppe der Walzöle 46 bis 49 ist nur auf Mineralöl aufgebaut, die erzielten Dickenabnahmen liegen auch im Vergleich zu Schmiermitteln auf Naturfettgrundlage eindeutig schlechter. In Abbildung 22 sind die erzielten Banddicken veranschaulicht. Die in diesem Zusammenhang schlechteste Schmierwirkung zeigte das Einfettöl 49; dieses Ergebnis wird geringfügig verbessert, wenn gleichzeitig eine Emulsionsschmierung mit den Walzölen 47 und 48 vorgenommen wird. Bemerkenswert ist das Schmierverhalten der drei untersuchten Mineralölemulsionen 46 bis 48: während bei den Walzölen 46 und 47 ein Mineralöl mit einer Viskosität von $4°E/50° C$ als Grundlage verwendet wurde, kann das unterschiedliche Ergebnis in der Enddicke nur auf verschiedenen Emulgatoren zurückgeführt werden. Bei Walzöl 47 und 48 wurde der gleiche Emulgator eingesetzt, das

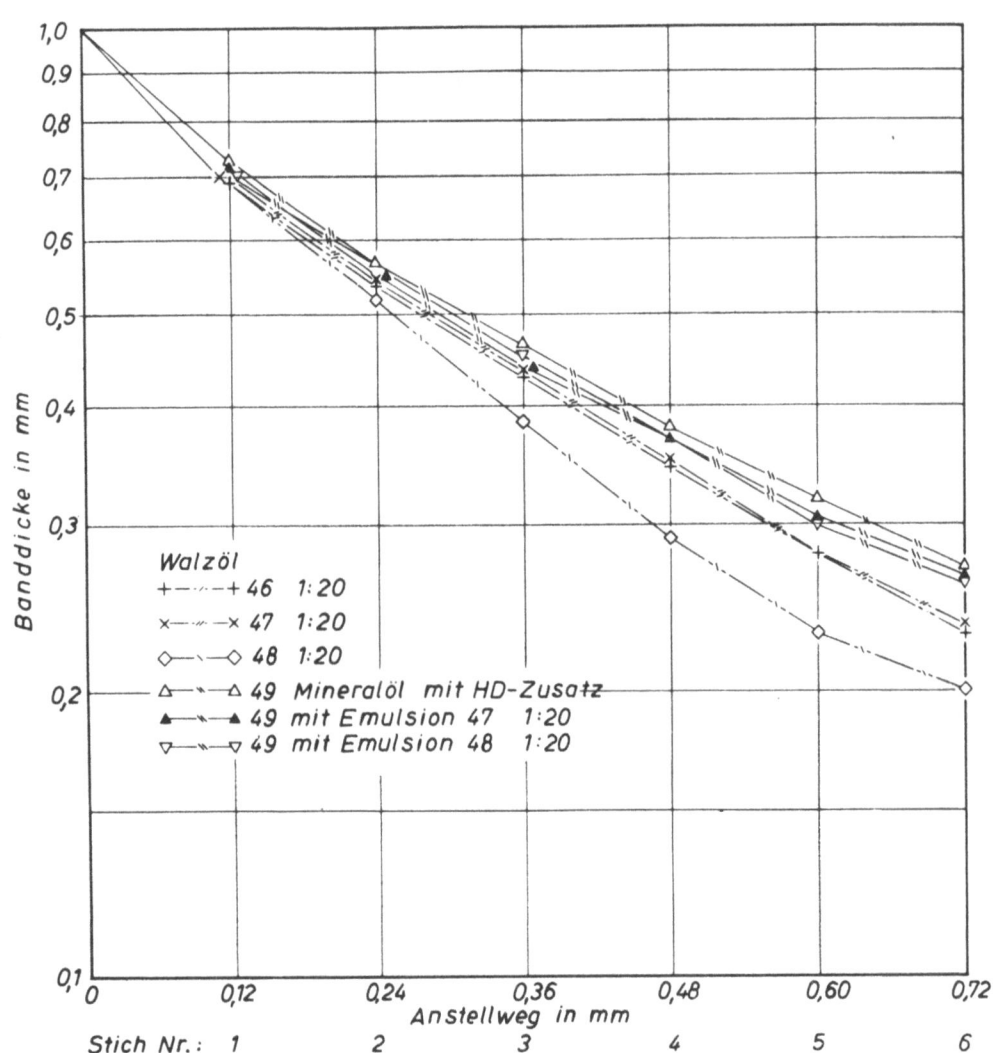

Abbildung 22

Banddicke beim Walzen mit den Walzölemulsionen 48 und 49
in Abhängigkeit vom Anstellweg

Grundöl unterschied sich jedoch auffällig durch seine Viskosität, die bei Walzöl 48 rd. $6°$ E/$50°$ C betrug. Die eindeutig beste Schmierwirkung der Emulsion aus Walzöl 48 kann also auf die Konsistenz des Grundöls zurückgeführt werden. Auffällig ist, daß dieses gute Ergebnis bei gleichzeitiger Verwendung von Einfettöl 49 bis auf die schlechte Schmierwirkung herabgesetzt wird, die dieses Öl im unverdünnten Zustand hat.

Dieselbe Bewertungsreihenfolge ergibt sich mit noch größerer Klarheit aus Abbildung 23, in dem der bei den einzelnen Schmierstoffen auftretende mittlere Formänderungswiderstand in Abhängigkeit von der Formänderung dargestellt ist.

Die bei Petroleum mit Stearinsäure-Zusätzen erreichten Banddicken sind in Abbildung 24 wiedergegeben. Aus dem Verlauf der Schaulinien ist zu-

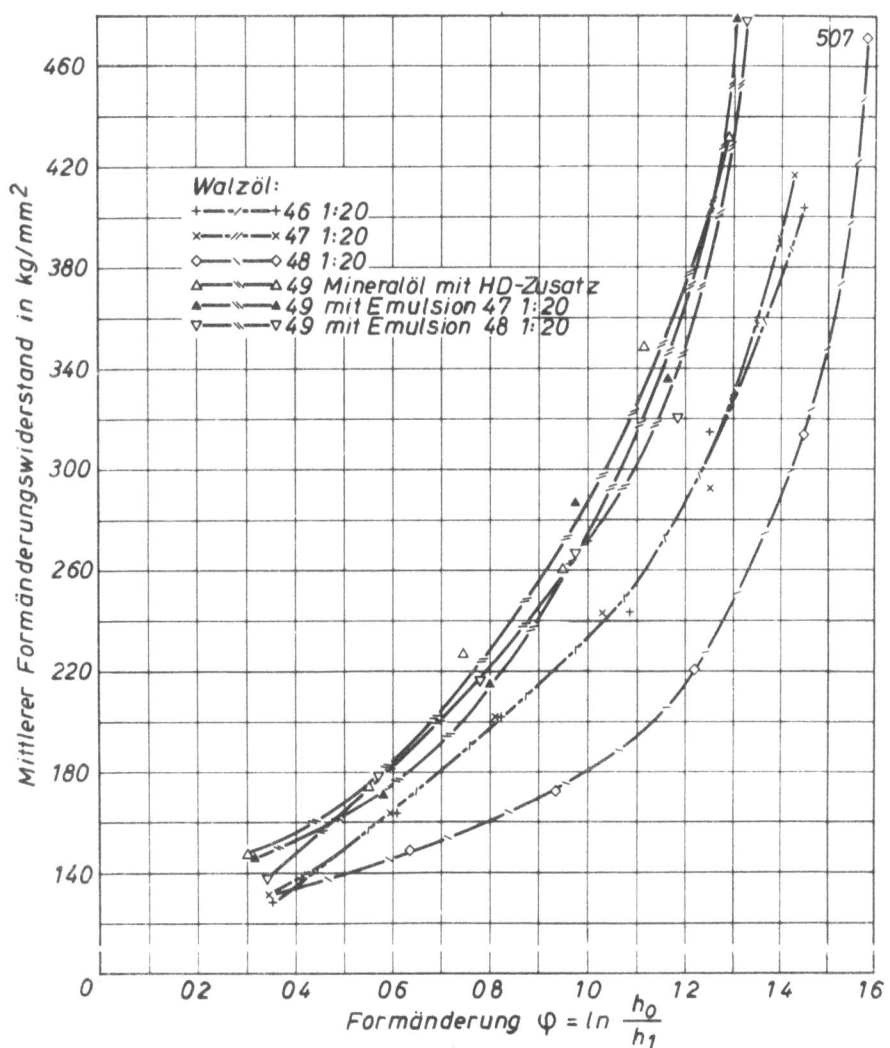

Abbildung 23
Mittlerer Formänderungswiderstand beim Walzen
mit den Walzölemulsionen 46 bis 49

nächst zu entnehmen, daß die Schmierwirkung aller Proben ungefähr gleich ist und eine auffällige Beeinflussung durch Stearinsäurezusätze also nicht beobachtet werden kann. Gegenüber reinem Petroleum zeigen alle anderen Proben ein geringfügig besseres Schmierverhalten, und zwar bis etwa 2 % Stearinsäure; der Zusatz von 5 % hat nach den Meßergebnissen wieder eine geringe Verschlechterung gebracht. Besser ist der Einfluß der Zusätze aus Abbildung 25 zu erkennen, in der sich für den mittleren Formänderungswiderstand die niedrigeren Flächenpressungen ebenfalls bei Zusätzen bis zu 1 % Stearinsäure ergeben. Eine geringe Verschlechterung der Schmierwirkung zeigt die Probe mit 2 % Stearinsäure, während der Zusatz von 5 % Stearinsäure noch höhere Flächenpressungen zur Folge hat.

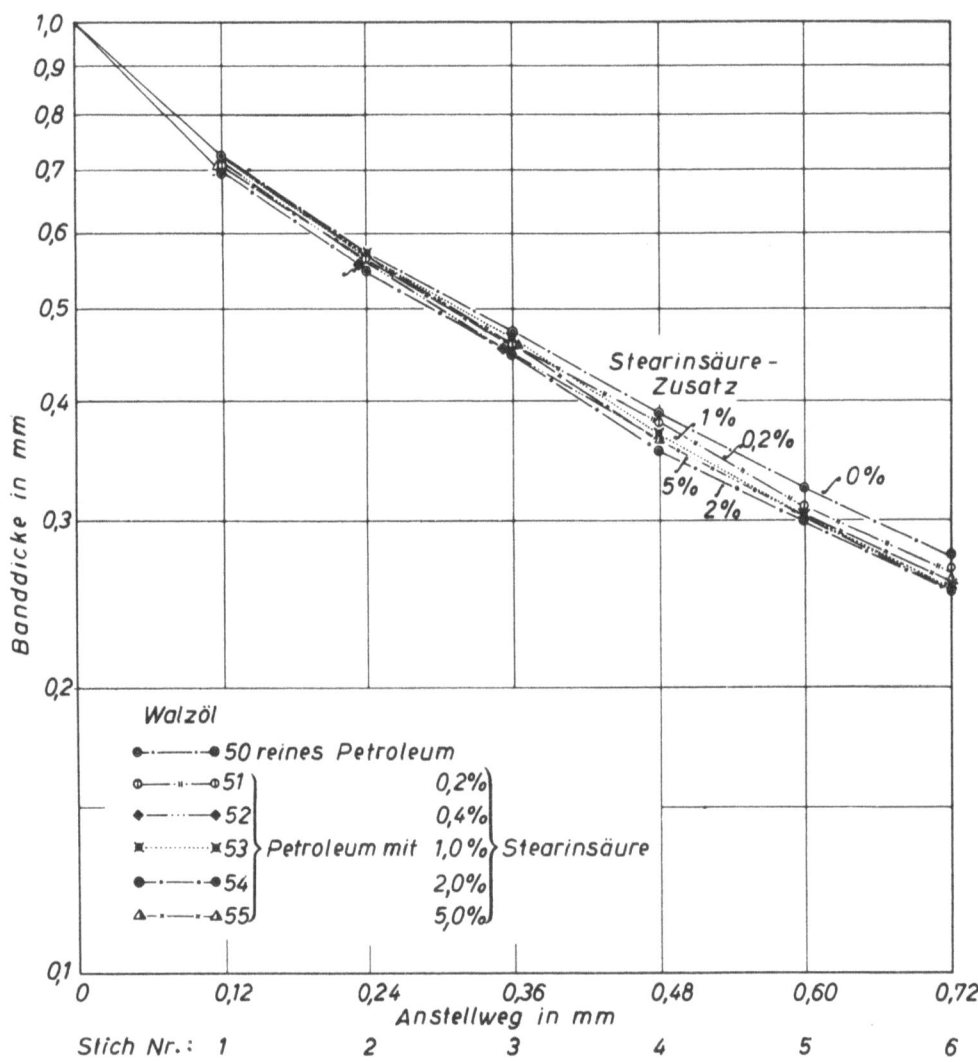

Abbildung 24
Banddicke beim Walzen mit den Walzölen 50 bis 55
in Abhängigkeit vom Anstellweg

Eine sinnvolle Übereinstimmung mit den russischen Arbeiten [6, 7] ist nur darin zu erblicken, daß ein Zusatz an freier Fettsäure von 0,4 % offenbar schon den größten Anteil der Verbesserung der Schmierwirkung hervorruft, der Einfluß bei den hier durchgeführten Versuchen ist jedoch zahlenmäßig nicht besonders ausgeprägt. Das Absinken der Schmierwirkung bei etwa 5 % Stearinsäurezusatz ist nach den bisherigen Vorstellungen nicht zu erklären. Deshalb muß vermutet werden, daß eine gleichmäßige Verteilung der Stearinsäure im Petroleum nur bei sehr geringen Zusätzen annähernd erreicht werden kann.

Die mit den Walzölemulsionen 56 bis 59 erreichten Endbanddicken sind in Abbildung 26 aufgetragen. Da nach Angaben des Herstellers das Grundöl

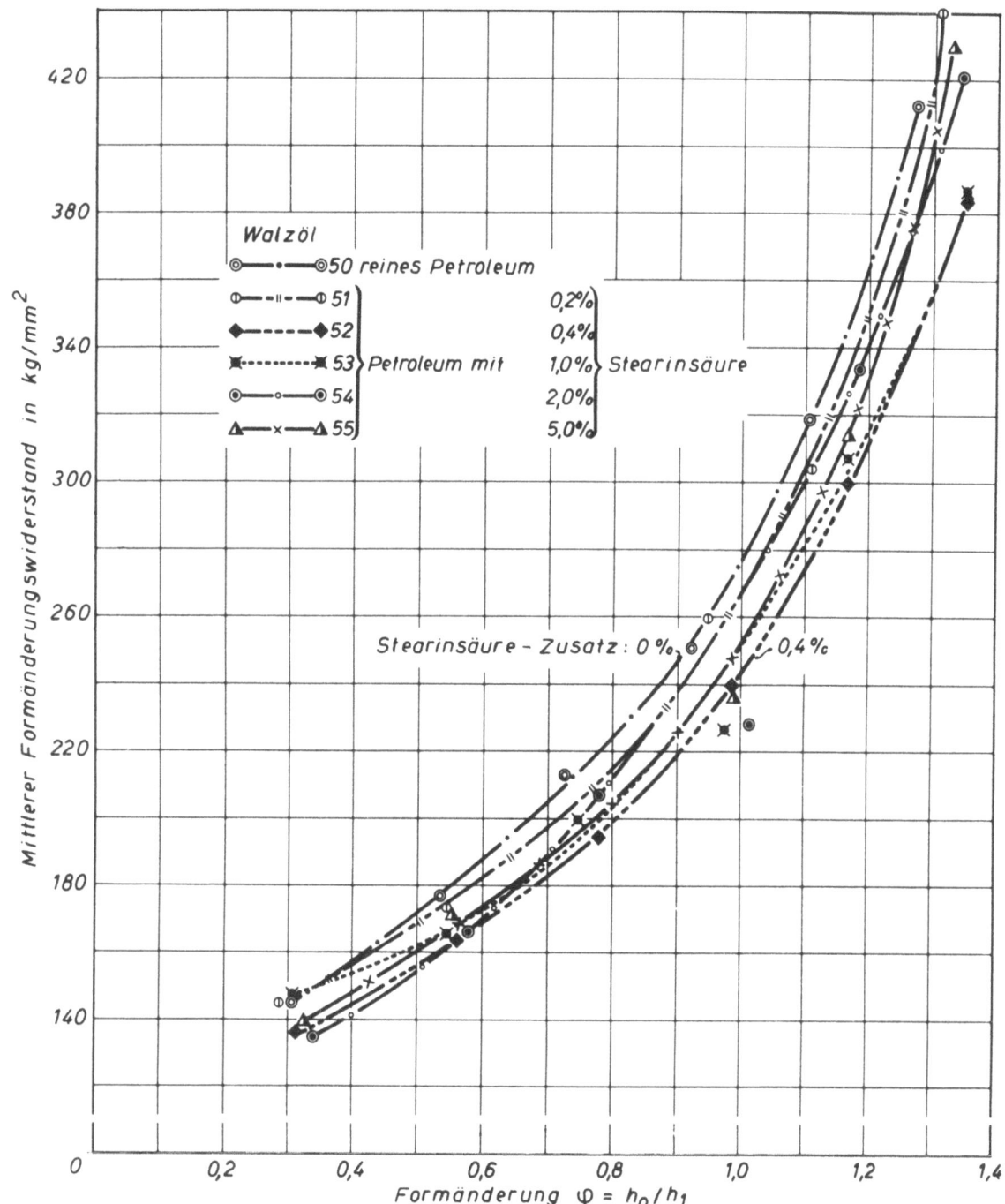

Abbildung 25

Mittlerer Formänderungswiderstand beim Walzen
mit den Walzölen 50 bis 55

und der Emulgator bei allen Proben gleich sein sollen, kann die unterschiedliche Schmierwirkung nur mit der Art der Zusätze zusammenhängen. Der Verlauf der Schaulinien zeigt, daß der Zusatz eines Netzmittels (Walzöl 57) die Schmierwirkung gegenüber der Emulsion ohne Zusätze (Walzöl 56) verschlechtert, während sie durch Zusatz von Frostschutz-

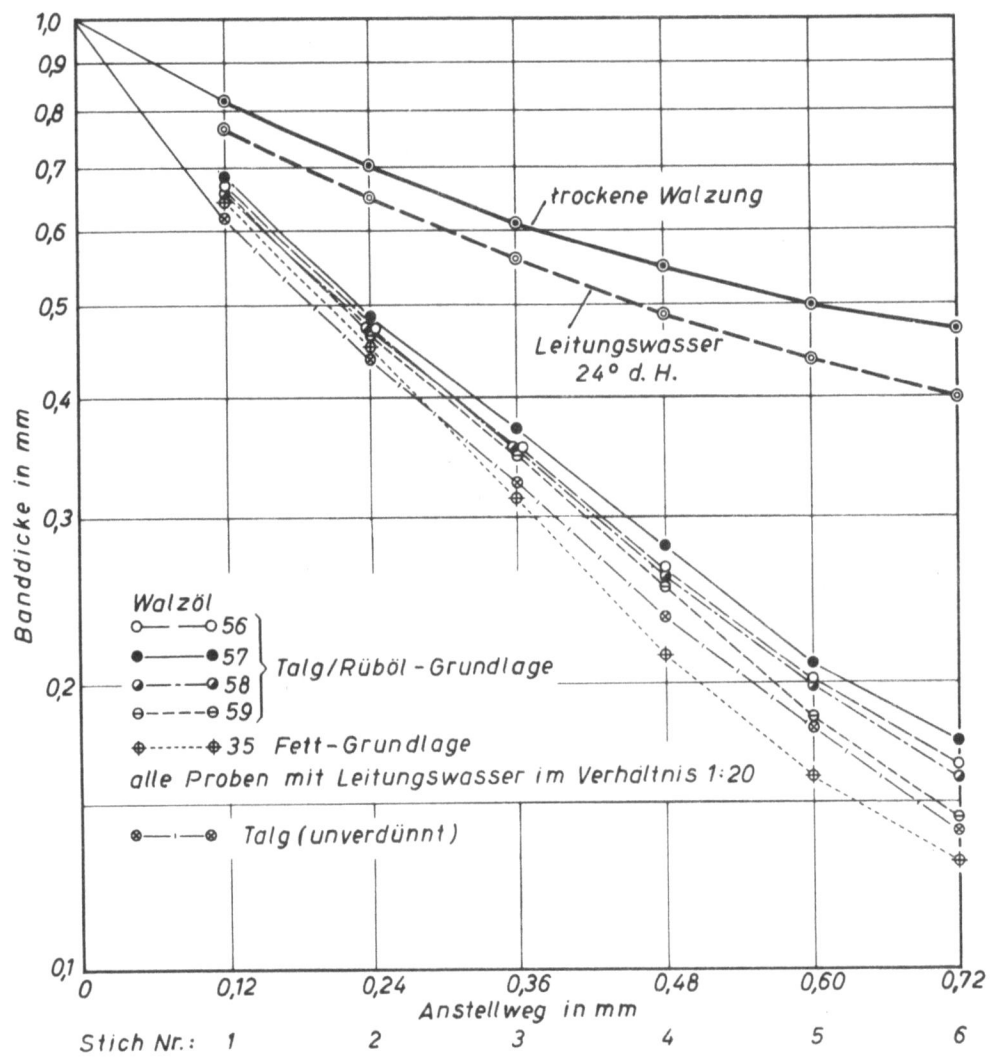

Abbildung 26
Banddicke beim Walzen mit den Walzölemulsionen 56 bis 59
in Abhängigkeit vom Anstellweg

mitteln (Walzöl 58) gegenüber Walzöl 56 eindeutig verbessert wird. Die gemeinsame Verwendung von Netz- und Frostschutzmitteln im Walzöl 59 führt im vorliegenden Fall zur besten Schmierwirkung; da über die Art der Zusätze und des Emulgators aber keine Angaben vorliegen, kann dieses unerwartete Ergebnis vorerst nicht begründet werden.

Die gleiche Beurteilung der Schmierstoffe 56 bis 59 ist nach Abbildung 27 möglich, in dem der Zusammenhang zwischen mittlerem Formänderungswiderstand und der Formänderung dargestellt ist. Auch hier ist das Walzöl 59 allen anderen Proben in seinem Schmierverhalten überlegen, wie sich aus den niedrigen Flächenpressungen ergibt, während diese bei der Emulsion mit Netzmittelzusatz (Walzöl 57) am höchsten liegen.

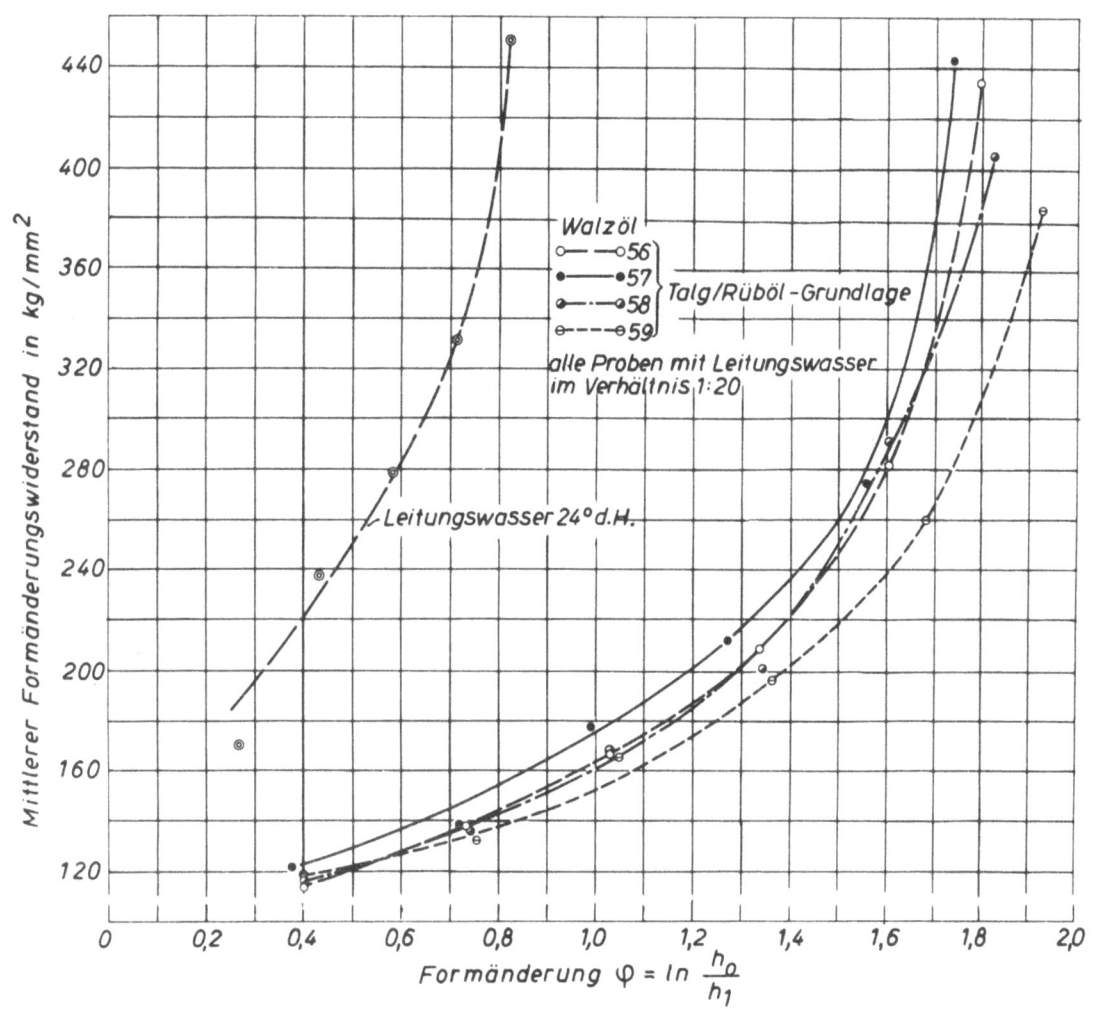

Abbildung 27

Mittlerer Formänderungswiderstand beim Walzen
mit den Walzölemulsionen 56 bis 59

7. Auswertung und Erörterung der mit Emulsionen aus handelsüblichen Walzölen erhaltenen Versuchsergebnisse

Um eine vergleichende Beurteilung der hier untersuchten Walzölemulsionen zu erleichtern, sollen in den nachfolgenden Ausführungen Schmierwirkung, kennzeichnendes Verhalten und Beständigkeit der Emulsion näher beleuchtet werden. Da Angaben über die jeweils verwendeten Emulgatoren fehlen, sind dies die einzig sinnvollen Vergleichsmaßstäbe.

a. Schmierwirkung der untersuchten Walzölemulsionen

Eine Beurteilung des Schmierverhaltens nach der erreichten Enddicke des Bandes hat den Nachteil, daß die zahlenmäßigen Werte von den Walzbedingungen abhängen, d.h. die an unterschiedlichen Walzgerüsten ermittelten Ergebnisse sind nicht ohne weiteres vergleichbar. Um diesen

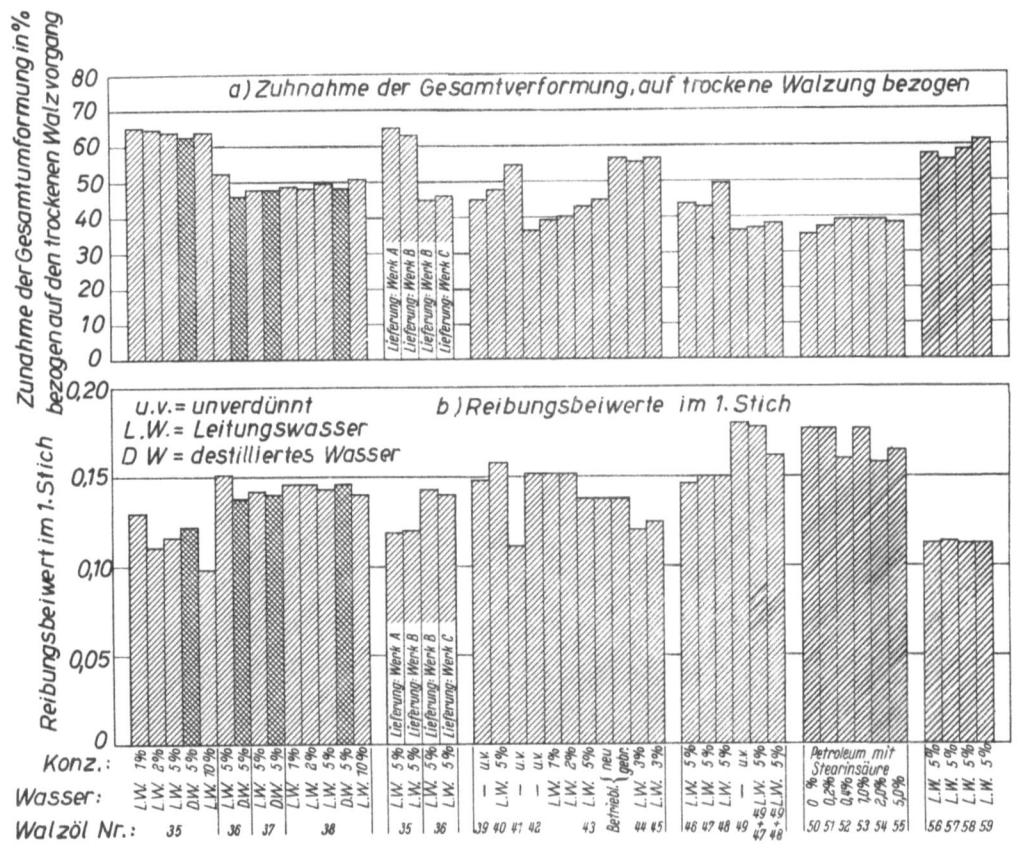

Abbildung 28
Gesamtumformung und Reibungsbeiwert im 1. Stich
beim Walzen mit Emulsionen aus den Walzölen 35 bis 59

Nachteil wettzumachen, wurde die auf die trockene Walzung bezogene Zunahme der Gesamtverformung als Bewertungsmaßstab gewählt. In Abbildung 28 a sind diese Werte als Säulen dargestellt.

Diese Darstellung gibt grundsätzlich die Reihenfolge wieder, die sich aus dem Vergleich der mit dem sechsten Stich erzielten Dicke des Bandes ableiten läßt: Die beste Schmierwirkung haben die Emulsionen mit dem Walzöl 35, das sich auf neutralen Fetten aufbaut. In der Reihenfolge sind dann zu nennen: Palmöl (Walzöl 41), die betriebliche Emulsion 43 mit Palmölanteilen, die Palmölemulsionen 44 und 45 und die Talg/Rübölemulsionen 56 bis 59. Alle auf Mineralöl aufgebauten Walzöle und Walzölemulsionen liegen in ihrer Schmierwirkung eindeutig schlechter.

Als weiterer Bewertungsmaßstab wurde auch hier der durch Schätzung ermittelte Reibungsbeiwert im ersten Stich herangezogen, dessen Werte Abbildung 28 b in Säulenform wiedergibt. Ein Vergleich mit der in Abbildung 28 a dargestellten Zunahme der Gesamtverformung zeigt, daß bei guter Schmierwirkung meist eine große Gesamtdickenabnahme einem niedrigen

Reibungsbeiwert entspricht. Dieser an sich zu erwartende Zusammenhang ist jedoch wie bei den reinen Walzölen nicht in allen Fällen vorhanden, da eine Emulsion in den ersten Stichen eine sehr gute Schmierwirkung zeigen kann, bei höherer Gesamtverformung und den dabei infolge der Kaltverfestigung des Walzgutes anwachsenden Flächenpressungen aber versagt. Die anfänglich guten Schmiereigenschaften entsprechen zwar einem niedrigen Reibungsbeiwert, die Eignung einer Walzölemulsion bei hoher Beanspruchung ist jedoch ebenso wie die eines unvermischten Walzöles besser nach der erzielbaren Gesamt-Verformung zu beurteilen.

Grundsätzlich ergibt sich mit Hilfe des Reibungsbeiwertes die gleiche Bewertung wie mit den vorher benutzten Kennzahlen: die niedrigsten Zahlenwerte für μ weisen die auf der Grundlage neutraler Fette wie Palmöl und Talg/Rüböl aufgebauten Emulsionsschmierstoffe auf. Alle Walzöle und Emulsionen, die auf Mineralöl aufgebaut sind, haben eindeutig höhere Reibungsbeiwerte und damit schlechtere Schmiereigenschaften.

Bemerkenswert ist auch der Einfluß der unterschiedlichen Verdünnung mit Wasser bei ein und demselben Emulsionsöl. Wenn der Emulgator das Grundöl unabhängig vom Anteil des Dispersionsmittels Wasser in einer bestimmten Teilchengröße in Lösung halten kann, wäre eine Beziehung zwischen Teilchendichte und Schmierwirkung zu erwarten. Die Teilchengröße ist jedoch bei verschiedenen Emulsionen nicht gleich: je nach Art des Emulgators und je nach Verdünnung wird sich ein bestimmter Häufigkeits-Höchstwert des Tröpfchendurchmessers einstellen, der die Schmierwirkung in irgendeiner Weise beeinflußt. Die entsprechenden Ergebnisse bei Walzöl 35, das auf neutralen Fetten aufgebaut ist, lassen nun erkennen, daß die Schmierwirkung mit zunehmender Verdünnung zunimmt. Zur Erklärung dieser Erscheinung kann angenommen werden, daß die Verteilung des Grundöls bei der Emulsion 1 : 100 besonders günstig ist, weil derEmulgator die Tröpfchen mit vorwiegend sehr kleinem Durchmesser in Lösung hält. Bei den weniger verdünnten Lösungen ist die Tröpfchengröße offenbar sehr unregelmäßig, was durch die beobachtete schlechtere Mischbarkeit der Emulsion 1 : 10 bestätigt wird.

Die für den ersten Stich ermittelten Reibungsbeiwerte liefern demgegenüber ein abweichendes Bild. Während bei fast allen Emulsionen eine hohe Gesamtverformung mit einem niedrigen Reibungsbeiwert einhergeht, zeigt die Emulsion 1 : 10 für Walzöl 35 sowohl eine geringere Gesamtdickenabnahme und zugleich den niedrigsten Reibungsbeiwert. Die stark verdünnte Emulsion 1 : 100 zeigt dagegen das umgekehrte Verhalten. Trotz hoher Gesamtverformung tritt im ersten Walzstich ein hoher Reibungsbeiwert auf. Aus diesem Zusammenhang kann man vermuten, daß bei einer sehr dünnen Emulsion die Grenzreibung den Hauptanteil der Mischreibung ausmacht. Andererseits ist aber die Druckbeständigkeit der Lösung durch den hohen Anteil an Wasser beschränkt, während die sehr gleichmäßige Verteilung kleinster Öltröpfchen noch ausreicht, um eine Verformung des Bandes zu erzielen. Bei Emulsionen mit größerem Ölgehalt ist der Anteil der hydrodynamischen Reibung größer, da die Teilchen einen größeren mittleren Durchmesser haben und mengenmäßig stärker vertreten sind. Die Druckbeständigkeit dieser gröberdispersen Lösung ist jedoch schlechter, so daß wohl im ersten Stich ein niedrigerer Reibungsbeiwert zu erwarten, jedoch die Schmierwirkung insgesamt schlechter ist.

Bei den auf Mineralöl aufgebauten Emulsionen zeigen sich andersartige Ergebnisse. Die Schmierwirkung nimmt mit zunehmender Konzentration zu, der Reibungsbeiwert ab (Walzöl 38 und 43). Da die Emulgierfähigkeit bei Mineralöl einfacher zu erreichen ist, als bei natürlichen Fetten (Walzöl 35), ist die angesetzte Emulsion verhältnismäßig gleichmäßig und beständig, ihre Druckaufnahmefähigkeit ist jedoch durch den Grundschmierstoff Mineralöl begrenzt. Der Reibungsbeiwert liegt also im Vergleich zu Naturfettemulsionen höher, die erzielbare Verformung ist geringer, und die Schmierwirkung wird erst dann einen Bestwert erreichen, wenn eine ausreichende Anzahl von Grundölteilchen vorliegt.

Der Einfluß der Wasserhärte auf die Schmierwirkung von Emulsionen wird allein durch die Art des Emulgators bestimmt. Bei anion- oder kationaktiven Stoffen kann eine Wechselwirkung mit Kalzium angenommen werden, die hauptsächlich zu Kalkseife führt und die Wirksamkeit des Emulgators beeinträchtigt. Man muß also annehmen, daß bei Verwendung dieser Emulgatoren die Wasserhärte gegenüber weichem Wasser einen nachteiligen Einfluß auf das Schmierverhalten hat. Die Richtigkeit dieser Annahme wird durch einige Versuchsergebnisse von J. BILLIGMANN und W. FICHTL [20] bestätigt. Wird jedoch als Emulgator ein nichtionischer Stoff verwendet, dessen Emulgierfähigkeit weitgehend von der Wasserhärte unabhängig ist, so wird keine Beeinflussung der Schmierwirkung durch die Wasserhärte zu erwarten sein. Eine Erklärung für die geringfügige Verbesserung im Schmierverhalten bei Emulsionen mit Leitungswasser ist hiermit aber nicht gefunden, wenn auch aus der Waschmittelindustrie synthetische Emulgatoren bekannt sind, die bei einem verhältnismäßig hohen Härtegrad des Wassers eine höhere Wirksamkeit erreichen. Diese

Emulgatorarten sind jedoch für Walzölemulsionen wenig geeignet, so daß aus den Versuchsergebnissen nur geschlossen werden kann, daß bei den Walzölen 35 bis 38 nichtionische Emulgatoren benutzt wurden.

b. Chemische und mikroskopische Untersuchung einiger Walzölemulsionen

Um Anhaltspunkte über die Art des Stammöls zu gewinnen, wurden an einigen Walzölemulsionen der Aschegehalt und der Gehalt an Natrium und Kalium bestimmt, ein spektroskopischer Nachweis der vorhandenen Erdalkalien vorgenommen und das Verhalten in der Zentrifuge festgestellt. Die Ergebnisse dieser Ermittlungen sind in Tabelle 6 (s. S. 68) zusammengestellt. Aus den Anteilen an Natrium oder Kalium kann geschlossen werden, daß in den meisten Fällen ein Natrium- oder Kaliumsalz im Emulgator vorliegen muß, während der Nachweis auf Erdalkalien keine eindeutigen Aussagen zuläßt.

Bemerkenswert ist das Schleuderverhalten der Mineralöl-Emulsionen aus Walzöl 36 bis 38, die sich in ihrer Schmierwirkung nur wenig unterscheiden. Walzöl 36, das im Walzversuch am besten abschneidet, läßt sich durch Zentrifugieren nicht wieder aus der Emulsion abtrennen, ebenso nicht das Walzöl 38, das in seiner Schmierwirkung nur wenig schlechter ist. Bei Walzöl 37 ist die Trennung zwar nur undeutlich zu erkennen, auch diese Lösung ist also verhältnismäßig beständig; die Bildung eines Kuchens und eines Niederschlages deutet aber darauf hin, daß ein Teil des Emulgators und etwa vorhandene weitere Zusätze aus der Lösung ausgeschieden werden. Die in ihrer Schmierwirkung noch schlechteren Mineralöl-Emulsionen 43, 46 und 47 zeigen alle schwach ausgeprägte Trennungen, daneben Kuchenbildung und geringe Niederschläge. Aus diesen allerdings nur beschränkt vergleichbaren Ergebnissen von Emulsionen, die auf Mineralöl aufgebaut sind, kann doch mit einiger Sicherheit abgeleitet werden, daß für die Schmierwirkung auch die Beständigkeit einer dispersen Lösung ausschlaggebend ist, und zwar nicht aus dem Grunde, weil der Emulgator selbst einen Einfluß auf das Schmierverhalten ausübt, sondern weil bestimmte Emulgatoren eine beständige Emulsion mit einer günstigen Teilchengröße und Teilchenverteilung gewährleisten.

Bei den auf Fettstoffen oder Palmöl aufgebauten Emulsionen (Walzöl 35, 44 und 45) wurde in allen Fällen eine Trennung oder Niederschlag- und Kuchenbildung beobachtet. Dieses Ergebnis entspricht den betrieblichen Erfahrungen, daß Fettemulsionen auf pflanzlicher oder tierischer Grundlage verhältnismäßig unbeständiger sind als gute Mineralölemulsionen.

Ein Vergleich zwischen Schmierwirkung und Beständigkeit ist allerdings sehr schwierig, da der Einfluß des Grundöls für das Schmierverhalten ausschlaggebend ist.

Aufschluß über die Teilchengröße und die Verteilung des Stammöls in der wässrigen Lösung gab eine mikroskopische Betrachtung. Die Walzöle 35 bis 38 wurden zunächst in verschiedenen Verdünnungen bei 160facher Vergrößerung betrachtet, wobei festgestellt werden konnte, daß bei den Mineralölemulsionen 36 bis 38 die Teilchengröße und deren Verteilung annähernd gleich waren. Neben winzig kleinen Öltröpfchen traten aber Teilchendurchmesser bis zu 2 μ auf, die besonders bei Verdünnungen von 1 : 10 in stärkerem Maße vorhanden waren. Die auf neutralen Fetten aufgebaute Emulsion 35 wies dagegen in allen Fällen nur sehr kleine Teilchen auf, die häufig von der runden Tropfenform abwichen und wahrscheinlich auf feste, nicht gelöste Schwebestoffe zurückzuführen sind.

8. Zusammenfassung

Im Rahmen der vorliegenden Untersuchung wurden Kaltwalzversuche mit einer größeren Anzahl natürlicher Fette, synthetisch zusammengesetzter Schmierstoffe und Emulsionen aus handelsüblichen Walzölen durchgeführt, um die Schmierwirkung der für das Kaltwalzen von Bandstahl benutzten Öle und Emulsionen planmäßig zu erforschen. Als Kennwert hierfür wurde bei einer gleichbleibenden Anstellfolge der Walzen die jeweils austretende Banddicke eines auf 1 mm Anfangsdicke vorgewalzten Bandstahls gewählt. Außerdem wurden Walzkraft, Drehmoment und Voreilung gemessen. Als Bewertung der Schmierwirkung wurde die in sechs Walzstichen erreichbare Enddicke, die bezogene Zunahme der Gesamtverformung gegenüber dem trockenen Walzvorgang, der abgeschätzte Reibungsbeiwert im ersten Walzstich und der Zusammenhang zwischen mittlerem Formänderungswiderstand und der Formänderung herangezogen. Die dadurch ermittelten Kennwerte wurden im Zusammenhang mit den Schmierstoffdaten und -zusammensetzungen erläutert und die einzelnen Bewertungsverfahren kritisch beleuchtet.

Als hauptsächliches Ergebnis fand sich bei den unverdünnten Schmierstoffen, daß nicht der Gehalt an freier Fettsäure, sondern der Aufbau der Grundschmierstoffe von entscheidender Bedeutung ist: Zusätze von freier Fettsäure ergeben nur bei an sich gut schmierenden Grundölen eine deutliche Verbesserung, und zwar besonders dann, wenn deren Viskosität durch diese Zusätze erniedrigt wird.

Aus den Walzungen mit den untersuchten Walzölemulsionen ergab sich als besonders bemerkenswert, daß die auf langkettigen, gesättigten Fettsäuren aufgebauten natürlichen Fette sowohl unverdünnt als auch im emulgierten Zustand gute Schmiereigenschaften haben, während Öle und Emulsionen auf Mineralölgrundlage eindeutig schlechter sind. Der nachteilige Einfluß der Wasserhärte bei wässrigen Emulsionen kann unterdrückt werden, wenn der Emulgator seinem chemischen Aufbau nach nicht auf Kalziumionen reagiert.

Die zahlreich gefundenen Einzelergebnisse geben Hinweise für die Weiterentwicklung bestgeeigneter Walzöle und Walzölemulsionen für das Kaltwalzen von Bandstahl.

                                          Prof. Dr. phil. Franz WEVER

                                          Dr.-Ing. Werner LUEG

                                          Dr.-Ing. Paul FUNKE jr.

Literaturverzeichnis

[1] PANNEK, H. — Stahl und Eisen 75 (1955) S. 767/69

[2] BILLIGMANN, J. — Stahl und Eisen 75 (1955) S. 1691/1705

[3] JOHNSON, W.R., I.P. SHEEHAN und H. SCHWARTZBART — Blast Furn. Steel Plant 43 (1955) S. 415/23

[4] LUEG, W. und W. DAHL — Stahl und Eisen 76 (1956) S. 1669/71

[5] BLAND, D.R. und H. FORD — Proc. Inst. mech. Eng. 159 (1948) Nr. 39, S. 144/63

[6] PAWLOW, I.M. — Grundlagen der Metallverformung durch Druck
Berlin 1954, Bd. 1; s. bes. S. 222 ff.

[7] TSCHERTAWSKICH, A.K. — Vgl. [6], s. bes. S. 226 ff.

[8] SIMS, R.B. und D.F. ARTHUR — J. Iron Steel Inst. 172 (1952) S. 285/95

[9] HESSENBERG, W.C.F. und R.B. SIMS — Proc. Inst. mech. Eng. 166 (1952) S. 75/90
Sheet Metal Ind. 28 (1951) S. 1083/90

[10] BLAIN, P. — Rev. gén. Méc. 41 (1957) Nr. 96, S. 13/18; Nr. 97, S. 63/67

[11] LUEG, W. und P. FUNKE jr. — Stahl und Eisen 77 (1957) S. 1356/62

[12] EKELUND, S. — Jernkont. Ann. 111 (1927) S. 39/97

[13] HITCHCOCK, J.H. — Roll Neck Bearings. Publ. by the American Society of Mechanical Engineers, New York 1935, s. bes. S. 33/41

[14] UNDERWOOD, L.R.   First Report of the Rolling-Mill Research Committee of the Iron and Steel Industrial Research Council. London 1946. (Spec. Report Iron Steel Inst. No. 34) S. 5/68

[15] UNDERWOOD, L.R.   The Rolling of Metals. Vol. 1. London 1950, S. 147 ff.

[16] HOFF, H. und Th. DAHL   Grundlagen des Walzverfahrens. Düsseldorf 1950. (Stahleisen-Bücher Bd. 9) s. bes. S. 180

[17] BLÜCHER, H. und J. WINCKELMANN   Auskunftsbuch für die chemische Industrie, 17. Aufl. Berlin 1948, S. 259/62

[18] STAUFF, I.   Emulsionen. In: Ullmanns Encyklopädie der technischen Chemie. 3. Aufl. Bd. 6, München/Berlin 1955. S. 500/16

[19] MANEGOLD, E.   Emulsionen. Heidelberg 1952

[20] BILLIGMANN, J. und W. FICHTL   Stahl und Eisen 78 (1958) S. 344/57

Tabelle 1

Übersicht über die untersuchten Schmierstoffe

Gruppe	Walzöl oder Emulsion	Viskosität bei 50° in °E	Neutralisationszahl	Gehalt an freier Fettsäure in %	Schmierstoffart	Zusammensetzung
A	1	4,0	6,0	3,0	Naturfette	Palmöl
	2	4,3	3,0	1,5		Rüböl
	3	7,0	25,6	13,0		Rizinusöl
B	4	3,8	5,9	3,0	Naturfette mit Naturfettsäuren	Rüböl (Walzöl 2) + 3 % Rübölfettsäure
	5	3,8	12,0	6,0		Rüböl (Walzöl 2) + 6 % Rübölfettsäure
	6	4,0	7,6	3,2		Talg + 3 % Talgfettsäure
C	7	6,5	-	-	Mineralöl	Mineralöl 6°E/50°C
	8	6,5	-	-	Mineralöl, aufgespritzt	Mineralöl 6°E/50°C
	9	5,8	6,6	3,1	Mineralöl mit steigender Menge an ungesättigter Fettsäure	Mineralöl (Walzöl 7) + 3 % Ölsäure
	10	5,2	11,4	5,0		" + 5 % Ölsäure
	11	4,8	16,5	8,0		" + 8 % Ölsäure
	12	4,6	19,8	10,0		" +10 % Ölsäure
D	13	5,2	6,2	3,0	Mineralöl mit gesättigter Fettsäure	Mineralöl (Walzöl 7) + 3 % Stearinsäure
	14	5,1	12,4	6,0		Mineralöl (Walzöl 7) + 6 % Stearinsäure
E	15	6,1	5,4	2,8	Mineralöl mit 50 % gesättigter u. 50 % ungesättigter Fettsäure	Mineralöl (Walzöl 7) + 3 % Talgfettsäure
	16	5,8	11,2	5,0		" + 5 % Talgfettsäure
F	17	3,8	60,6	30,0	Mineralöl mit hohen Zusätzen an gesättigter Fettsäure	Mineralöl (Walzöl 7) + 30% Stearinsäure
	18	4,0	50,5	25,0		" + 25% Palmitinsäure

G	19	4,4	4,2	–	Grundstoffe mit sehr niedrigem Fettsäuregehalt	Talg
	20		2,2	–		Neutralwollfett
H	21	4,4	10,1	3,0	Grundstoffe der Gruppe G mit verschiedenartigen Fettsäuren	97 % Talg (Walzöl 19) + 3 % Stearinsäure
	22	4,9	10,5	3,0		97 % " " + 3 % Palmitinsäure
	23	4,5	14,0	3,0		97 % " " + 3 % Säuren C_8 bis C_{10}
	24	5,0	12,4	3,0		97 % " " + 3 % Säuren C_{10} bis C_{12}
	25		12,3	3,0		97 % Neutralwollfett (Walzöl 20) + 3 % Säuren C_8 bis C_{10}
	26		8,2	3,0		97 % Neutralwollfett (Walzöl 20) + 3 % Stearinsäure
I	27	4,3	9,1	3,0	Fette mit salbenartiger Konsistenz	48,5 % Talg (Walzöl 19) + 48,5 % Rüböl (Walzöl 2) + 3 % Stearinsäure
	28	4,0	14,0	3,0		48,5 % Talg (Walzöl 19) + 48,5 % Rüböl (Walzöl 2) + 3 % Säuren C_8 bis C_{10}
K	29	3,7	39,0	20,0	Mischung aus den Grundstoffen der Gruppe G und Fettsäuren mit Emulgatorzusätzen	
	30	19,4	9,6			
	31	4,0	38,6	20,0		
	32	11,2	3,1	–	Mineralölemulsion	Mineralöl (Walzöl 7) + Emulgator Öl : Wasser = 1 : 50
L	33	4,5	24,0	12,0	Handelsübliche Emulsionen	1 : 50
	34	5,2	23,5	12,0		

Tabelle 2

Übersicht über die untersuchten Schmierstoffe

Gruppe	Schmier-stoff	Schmierstoffart	Zusammensetzung
M	35	Walzölemulsion	neutrale Fette mit Emulgator
	36	Walzölemulsion	
	37	Walzölemulsion	Mineralöl mit Emulgatoren und
	38	Walzölemulsion	Zusätzen
N	39	Walzfett	unbekannt
	40	Walzölemulsion	Mineralöl mit Emulgator
O	41	Palmöl	Palmöl mit 17,0 % freier Fettsäure
	42	Einfettöl	Mineralöl (dünnflüssig) mit Rostschutzmittel
	43	Walzölemulsion	Mineralöl mit Emulgator
	44	Walzölemulsion	Grundlage Palmöl mit Emulgator
	45	Walzölemulsion	Grundlage Palmöl mit Emulgator
P	46	Walzölemulsion	Mineralöl $4°$ $E/50°$ mit Emulgator
	47	Walzölemulsion	Mineralöl $4°$ $E/50°$ mit Emulgator
	48	Walzölemulsion	Mineralöl $6°$ $E/50°$ mit Emulgator
	49	Einfettöl	Mineralölgrundlage, Hochdruckzusätze
Q	50	Petroleum mit Fettsäurezusätzen	reines Petroleum
	51		Petroleum mit 0,2 % Stearinsäure
	52		Petroleum mit 0,4 % Stearinsäure
	53		Petroleum mit 1,0 % Stearinsäure
	54		Petroleum mit 2,0 % Stearinsäure
	55		Petroleum mit 5,0 % Stearinsäure
R			Talg/Rüböl-Grundlage mit Emulgator
	56	Walzölemulsion	ohne Zusatz
	57	Walzölemulsion	mit Netzmittel
	58	Walzölemulsion	mit Frostschutzmittel
	59	Walzölemulsion	mit Netz- und Frostschutzmittel

Tabelle 3

Prüfung der Emulsionsöle 29 bis 34 auf Aschegehalt, pH-Wert
Alkalien- und Erdalkalien und Verhalten in der Zentrifuge

Gruppe	Emulsion aus Walzöl	Erreichte Gesamtdickenabnahme %	pH-Wert der Emulsion	Aschegehalt %	Alkalien und Erdalkalien	Verhalten in der Zentrifuge 4500 Upm/20 min.
K	29	78,0	6,1	0,04	Ba, Ca	Trennung: 3 mm dicker weißer Kuchen, Ring aus hellgelbem Öl, milchige Lösung
	30	80,0	6,7	0,02	Ba, Ca	Dunkelbraune Ölschicht mit silbriggrauer trüber Lösung. Brauner Niederschlag
	31	76,5	6,1	0,02	Ba, Ca	Trennung: 3 mm dicke weiße Masse, mit Öl überlagert, hellweiße Lösung
	32	78,5	9,1	0,10	K, Ba, Ca	Keine Trennung, Spuren von Öl, Niederschlag braun
L	33	79,0	6,3	0,02	Ba, Ca	Trennung: 3 mm dicker Kuchen, überlagert von hellgelber trüber Ölschicht
	34	81,5	7,5	kein	keine	hellbraune Masse mit dunklem Öl, Lösung wasserähnlich

Errechnete Reibungsbeiwerte für Walzversuche mit Walzöl 6, 7 und 34.

Walzenhalbmesser r = 100 mm. Walzkraftgleichung (BLAND-FORD): $P = k_{fm} \cdot b_m \sqrt{r' \cdot h} \cdot f_3(a, \varepsilon)$; $a = \mu \sqrt{\dfrac{r'}{h_1}}$

Walz-öl	Schmierstoff-art	Stich	Stichabnahme mm	Stichabnahme %	Walzkraft t	Errechneter μ-Wert	Walzenhalbmesser für abgeplattete Walze mm
6	Talg + 3 % Talgfettsäure	1	0,395	39,5	34,0	0,122	103,8
		2	0,20	33,1	30,0	0,129	106,6
		3	0,095	23,7	28,7	0,174	113,3
		4	0,085	27,9	30,7	0,148	115,9
		5	0,06	27,3	33,3	0,142	124,4
		6	0,025	15,6	36,7	--*)	164,5
7	Mineralöl 6°E/50°C	1	0,295	29,5	34,7	0,183	105,2
		2	0,16	22,7	34,0	0,237	108,9
		3	0,11	20,2	34,0	0,248	113,0
		4	0,085	19,55	35,3	--	118,2
		5	0,055	15,7	37,3	--*)	129,8
		6	0,035	11,86	42,6	--	153,5
34	handelsübliche Walzölemulsionen (1 : 50)	1	0,325	32,5	40,9	0,164	105,5
		2	0,16	23,7	34,3	0,226	109,4
		3	0,12	23,5	32,9	0,204	112,1
		4	0,09	23,1	32,9	0,195	116,1
		5	0,065	27,65	37,6	--*)	125,4
		6	0,05	21,3	43,3	--	138,1

*) Die von D.R. BLAND und H. FORD ausgearbeiteten Schaubilder für f_3 ergeben in diesen Fällen a-Werte außerhalb des abzulesenden Bereichs

Tabelle 5

Berechnung des Reibungsbeiwertes mit Hilfe der bezogenen Voreilung.

Beispiel: Walzöl 6

Stich	Dicke vor dem Stich in mm	Dicke nach dem Stich in mm	Voreilung in %	Walzkraft in t	Nach der Walzkraftgleichung berechneter Reibungsbeiwert $\mu_{(r)}$	Nach der Voreilung berechneter Reibungsbeiwert $\mu_{(r)}$	$\mu_{(r')}$
1	1,00	0,605	0,32	33,6	0,122	0,039	0,036
2	0,605	0,41	0,64	29,3	0,129	0,0305	0,0235
3	0,41	0,31	1,6	28,3	0,174	0,0298	0,0202
4	0,31	0,22	2,56	30,0	0,148	0,030	0,0203
5	0,22	0,16	5,76	34,0	0,142	0,0173	0,0093
6	0,16	0,13	6,4	37,7	--	0,0095	0,00375

Tabelle 6

Prüfung der Emulsionsöle 35 bis 38 und 43 bis 47 auf Aschegehalt, p_H-Wert, Alkalien, Erdalkalien und Verhalten in der Zentrifuge

Emulsion aus Walzöl	Verhältnis Öl:Wasser	Erreichte Gesamtdickenabnahme %	p_H-Wert der Emulsion	Aschegehalt %	Na_2O mg/ml	K_2O mg/ml	Erdalkalien (spektroskopisch)	Verhalten in der Zentrifuge (20 min bei 4500 Upm.)
35	1 : 20	87,0	8,6	0,22	0,99	0,05	Ba, Ca	oben 3 mm dicker weißer Kuchen, unten kalkmilchähnliche Lösung, geringer schmutzig-weißer Niederschlag
36	1 : 20	81,0	9,1	0,11	0,35	0,39	Ba, Ca	weißes Öl, keine Trennung, kein Niederschlag
37	1 : 20	78,6	8,3	0,05	0,24	0,15	Ba, Ca	schlecht sichtbare Trennung, 3 mm dicker Kuchen, schmutzig-weißer Niederschlag
38	1 : 20	79,5	9,0	0,11	0,30	0,44	Ba, Ca	gelblich-weiß, keine Trennung, kein Niederschlag
43	1 : 20	76,0	8,4	0,07	0,46	0,11	Ba, Ca	3 mm dicker Kuchen, schlecht sichtbare Trennung, kein Niederschlag
44	1 : 23	82,7	8,0	0,02	0,13	0,20	Ba, Ca	3 mm dicker Kuchen, Trennung sichtbar, schmutzig-weißer Niederschlag
45	1 : 30	83,2	7,2	--	0,18	0,06	Ba, Ca	3 mm dicker Kuchen, Trennung sichtbar, schmutzig-weißer Niederschlag
46	1 : 20	76,5	8,7	0,09	0,44	0,02	Ba, Ca	Trennung schlecht sichtbar, 5 mm dicker Kuchen weiß bis bräunlich
47	1 : 20	76,0	6,8	0,03	0,11	0,02	Ba, Ca	Trennung schlecht sichtbar, 5 mm dicker, silbergrauer Kuchen, geringer Niederschlag

FORSCHUNGSBERICHTE
DES LANDES NORDRHEIN-WESTFALEN

Herausgegeben durch das Kultusministerium

HÜTTENWESEN · WERKSTOFFKUNDE

HEFT 4
Prof. Dr. E. A. Müller und Dipl.-Ing. H. Spitzer, Dortmund
Untersuchungen über die Hitzebelastung in Hüttenbetrieben
1952, 28 Seiten, 5 Abb., 1 Tabelle, DM 9,—

HEFT 48
Max-Planck-Institut für Eisenforschung, Düsseldorf
Spektrochemische Analyse der Gefügebestandteile in Stählen nach ihrer Isolierung
1953, 38 Seiten, 8 Abb., 5 Tabellen, DM 7,80

HEFT 49
Max-Planck-Institut für Eisenforschung, Düsseldorf
Untersuchungen über Ablauf der Desoxydation und die Bildung von Einschlüssen in Stählen
1953, 52 Seiten, 19 Abb., 3 Tabellen, DM 12,40

HEFT 50
Max-Planck-Institut für Eisenforschung, Düsseldorf
Flammenspektralanalytische Untersuchung der Ferritzusammensetzung in Stählen
1953, 44 Seiten, 15 Abb., 4 Tabellen, DM 8,60

HEFT 74
Max-Planck-Institut für Eisenforschung, Düsseldorf
Versuche zur Klärung des Umwandlungsverhaltens eines sonderkarbidbildenden Chromstahls
1954, 58 Seiten, 10 Abb., DM 14,—

HEFT 75
Max-Planck-Institut für Eisenforschung, Düsseldorf
Zeit-Temperatur-Umwandlungs-Schaubilder als Grundlage der Wärmebehandlung der Stähle
1954, 44 Seiten, 13 Abb., DM 8,70

HEFT 89
Verein Deutscher Ingenieure, Gleitlagerforschung, Düsseldorf und Prof. Dr.-Ing. G. Vogelpohl, Göttingen
Versuche mit Preßstoff-Lagern für Walzwerke
1954, 70 Seiten, 34 Abb., DM 14,10

HEFT 96
Dr.-Ing. P. Koch, Dortmund
Austritt von Exoelektronen aus Metalloberflächen unter Berücksichtigung der Verwendung des Effektes für die Materialprüfung
1954, 34 Seiten, 13 Abb., DM 7,—

HEFT 105
Dr.-Ing. R. Meldau, Harsewinkel/Westf.
Auswertung von Gekörn — Analysen des Musterstaubes „Flugasche Fortuna I"
1955, 42 Seiten, 14 Abb., DM 8,50

HEFT 132
Prof. Dr. W. Seith, Münster
Über Diffusionserscheinungen in festen Metallen
1955, 42 Seiten, 19 Abb., 4 Tabellen, DM 9,10

HEFT 143
Prof. Dr. F. Wever, Dr. A. Rose und Dipl.-Ing. W. Straßburg, Düsseldorf
Härtbarkeit und Umwandlungsverhalten der Stähle
1955, 50 Seiten, 12 Abb., 3 Tabellen, DM 10,70

HEFT 153
Prof. Dr. F. Wever, Dr.-Ing. W. A. Fischer und Dipl.-Ing. J. Engelbrecht, Düsseldorf
I. Die Reduktion sauerstoffhaltiger Eisenschmelzen im Hochvakuum mit Wasserstoff und Kohlenstoff
II. Einfluß geringer Sauerstoffgehalte auf das Gefüge und Alterungsverhalten von Reineisen
1955, 54 Seiten, 15 Abb., 2 Tabellen, DM 12,40

HEFT 154
Prof. Dr.-Ing. P. Bardenheuer und Dr.-Ing. W. A. Fischer, Düsseldorf
Die Verschlackung von Titan aus Stahlschmelzen im sauren und basischen Hochfrequenzofen unter verschiedenen Schlacken
1955, 36 Seiten, 10 Abb., 1 Tabelle, DM 7,95

HEFT 162
Prof. Dr. F. Wever, Prof. Dr. A. Kochendörfer und Dr.-Ing. Chr. Rohrbach, Düsseldorf
Kennzeichnung der Sprödbruchneigung von Stählen durch Messung der Fließspannung, Reißspannung und Brucheinschnürung an dreiachsig beanspruchten Proben
1955, 58 Seiten, 26 Abb., DM 13,—

HEFT 170
Prof. Dr. F. Wever, Dr. A. Rose und Dipl.-Ing. L. Rademacher, Düsseldorf
Anwendung der Umwandlungsschaubilder auf Fragen der Werkstoffauswahl beim Schweißen und Flammhärten
1955, 64 Seiten, 25 Abb., DM 13,70

HEFT 205
Dr. C. Schaarwächter, Düsseldorf
Über plastische Kupfer-Eisen-Phosphor-Legierungen
1936, 36 Seiten, 10 Abb., 10 Tabellen, DM 8,30

HEFT 227
Prof. Dr. F. Wever, Düsseldorf und Dr. W. Wepner, Köln
Untersuchung der Alterungsneigung von weichen unlegierten Stählen durch Härteprüfung bei Temperaturen bis 300 Grad C
1956, 34 Seiten, 20 Abb., 3 Tabellen, DM 7,95

HEFT 228
Prof. Dr. F. Wever, Dr. W. Koch, Düsseldorf, und Dr. B. A. Steinkopf, Dortmund
Spektrochemische Grundlagen der Analyse von Gemischen aus Kohlenmonoxyd, Wasserstoff und Stickstoff
1956, 42 Seiten, 18 Abb., 1 Tabelle, DM 9,90

HEFT 229
Prof. Dr. F. Wever, Dr. W. Koch und Dr.-Ing. H. Malissa, Düsseldorf
Über die Anwendung disubstituierter Dithiocarbamate der analytischen Chemie
1956, 44 Seiten, 30 Abb., 5 Tabellen, DM 10,50

HEFT 230
Prof. Dr. F. Wever, Düsseldorf und Dr. W. Wepner, Köln
Bestimmung kleiner Kohlenstoffgehalte im Alpha-Eisen durch Dämpfungsmessung
1956, 34 Seiten, 5 Abb., 2 Tabellen, DM 7,70

HEFT 234
Dr.-Ing. K. G. Speith und Dr.-Ing. A. Bungeroth, Duisburg
Versuche zur Steigerung des Kokillen-Schluckvermögens beim Stranggießen von Stahl
1956, 26 Seiten, 5 Abb., DM 6,15

HEFT 244
Prof. Dr. F. Wever, Dr. W. Koch und Dr. S. Eckhard, Düsseldorf
Erfahrungen mit der spektrochemischen Analyse von Gefügebestandteilen des Stahles
1956, 32 Seiten, 8 Abb., 2 Tabellen, DM 7,80

HEFT 263
Prof. Dr. H. Lange und Dipl.-Phys. R. Kohlhaas, Köln
Über die Wärmeleitfähigkeit von Stählen bei hohen Temperaturen: Teil I: Literaturbericht
1956, 48 Seiten, 26 Abb., 8 Tabellen, DM 10,70

HEFT 268
Prof. Dr.-Ing. G. Vogelpohl, Göttingen
Über die Tragfähigkeit von Gleitlagern und ihre Berechnung
1956, 76 Seiten, 24 Abb., 7 Tabellen, DM 16,85

HEFT 283
Prof. Dr. F. Wever und Dr.-Ing. W. Lueg, Düsseldorf
Warmstauchversuche zur Ermittlung der Formänderungsfestigkeit von Gesenkschmiede-Stählen
1956, 44 Seiten, 19 Abb., DM 9,90

HEFT 288
Dr. K. Brücker-Steinkuhl, Düsseldorf
Anwendung mathematisch-statistischer Verfahren in der Industrie
1956, 103 Seiten, 27 Abb., 14 Tabellen, DM 24,20

HEFT 290
Dr. D. Horstmann, Düsseldorf
I. Der verstärkte Angriff des Zinks auf Eisen im Temperaturgebiet um 500° C
II. Einfluß eines Antimongehaltes auf den Angriff von Zinkschmelzen auf Eisen
1956, 36 Seiten, 33 Abb., 3 Tabellen, DM 11,90

HEFT 291
Dr.-Ing. H. J. Wiester und Dr. D. Horstmann, Düsseldorf
Der Angriff eisengesättigter Zinkschmelzen auf silizium- und manganhaltiges Eisen
1956, 52 Seiten, 45 Abb., 8 Tabellen, DM 12,60

HEFT 311
Prof. Dr. F. Wever und Dr. M. Hempel, Düsseldorf
Dauerschwingfestigkeit von Stählen bei erhöhten Temperaturen
Teil I: Erkenntnisse aus bisherigen Dauerschwingversuchen in der Wärme
1956, 40 Seiten, 19 Abb., 2 Tabellen, DM 10,90

HEFT 312
Prof. Dr. F. Wever und Dr. M. Hempel, Düsseldorf
Dauerschwingfestigkeit von Stählen bei erhöhten Temperaturen
Teil II: Zug-Druck-Dauerschwingversuche an zwei warmfesten Stählen bei Temperaturen von 500 bis 650°
1956, 48 Seiten, 20 Abb., 3 Tabellen, DM 13,—

HEFT 313
Prof. Dr. F. Wever, Dr. W. Koch und Dipl.-Phys. H. Rohde, Düsseldorf
Änderungen des Habitus und der Gitterkonstanten des Zementits in Chromstählen bei verschiedenen Wärmebehandlungen
1956, 76 Seiten, 29 Abb., 8 Tabellen, DM 20,90

HEFT 314
Prof. Dr. F. Wever, Dr.-Ing. A. Krisch, Düsseldorf und Dr.-Ing. H.-J. Wiester, Essen
Veränderungen im Gefügeaufbau von Chrom-Nickel-Molybdän-Stählen bei langzeitiger Beanspruchung im Zeitstandversuch bei 500°
1956, 48 Seiten, 26 Abb., 5 Tabellen, DM 11,70

HEFT 315
Prof. Dr. F. Wever und Dr.-Ing. A. Krisch, Düsseldorf
Metallkundliche Untersuchungen an Zeitstandproben
1956, 38 Seiten, 12 Abb., DM 9,15

HEFT 336
Dr. Tung-ping Yao, Aachen
Die Viskosität metallischer Schmelzen
1957, 64 Seiten, 28 Abb., 2 Tabellen, DM 14,40

HEFT 342
Prof. Dr.-Ing. H. Winterhager und Dipl.-Ing. W. Barthel, Aachen
Die Gewinnung von Titanschlackenkonzentraten aus eisenreichen Ilmeniten
1957, 60 Seiten, 30 Abb., 6 Tabellen, DM 13,30

HEFT 348
Prof. Dr.-Ing. E. Piwowarsky †
und Dr.-Ing. E. G. Nickel, Aachen
Metallurgie eines hochwertigen Gußeisens mit kompakter bis kugelförmiger Graphitausbildung
1957, 54 Seiten, 27 Abb., 5 Tabellen, DM 13,30

HEFT 349
Dr.-Ing. W. A. Fischer, Dr.-Ing. H. Treppschuh
und Dr.-Ing. K. H. Köthemann, Düsseldorf
Tiegel aus Schmelzmagnesia für Vakuuminduktionsöfen
1957, 34 Seiten, 14 Abb., DM 8,40

HEFT 367
Dr. rer. nat. D. Horstmann, Düsseldorf
Der Angriff eisengesättigter Zinkschmelzen auf kohlenstoff-, schwefel- und phosphorhaltiges Eisen
1957, 52 Seiten, 22 Abb., 6 Tabellen, DM 12,85

HEFT 392
Prof. Dr. phil. F. Wever, Düsseldorf, Dr. phil. W. Koch, Düsseldorf, Dr.-Ing. H. Knüppel, Dortmund, Dr. rer. nat. B. A. Steinkopf, Dortmund, Dipl.-Ing. K. E. Mayer, Dortmund und Dipl.-Phys. G. Wiethoff, Dortmund
Untersuchungen über den Konverterrauch im Hinblick auf die spektrale Überwachung des Thomasprozesses
1957, 48 Seiten, 14 Abb., 4 Tabellen, DM 12,10

HEFT 407
Prof. Dr.-Ing. H. Schenk, Aachen und Dr.-Ing. W. Wenzel, Bad Godesberg
Entwicklungsarbeiten auf dem Gebiete der Verhüttung von Erzstaub in Schmelzkammern
1957, 82 Seiten, 9 Abb., 18 Tabellen, DM 17,10

HEFT 408
Prof. Dr. phil. F. Wever, Dr.-Ing. W. Lueg und Dr.-Ing. H. G. Müller, Düsseldorf
Kraft- und Arbeitsbedarf beim Warmscheren von Stahl in Abhängigkeit von Temperatur und Schnittgeschwindigkeit
1957, 46 Seiten, 15 Abb., 3 Tabellen, DM 11,35

HEFT 409
Prof. Dr. phil. F. Wever, Dr. phil. W. Koch, Dr. rer. nat. Ch. Ilschner-Gensch und Dipl.-Phys. H. Rohde, Düsseldorf
Das Auftreten eines kubischen Nitrids in aluminiumlegierten Stählen
1957, 38 Seiten, 12 Abb., 3 Tabellen, DM 10,10

HEFT 410
Prof. Dr. phil. F. Wever, Prof. Dr. rer. techn. A. Kochendörfer, Dr. phil. nat. M. Hempel, Düsseldorf und Dipl.-Phys. E. Hillenhagen, Köln
Biegewechselversuche mit Flachproben aus Alpha-Eisen-Einkristallen zur Bestimmung der Wechselfestigkeit und der Gleitspuren
1957, 112 Seiten, 58 Abb., 3 Tabellen, DM 30,—

HEFT 455
Dr.-Ing. W. A. Fischer, Dr.-Ing. H. Treppschuh und Dipl.-Phys. K. H. Köthemann, Düsseldorf
Erschmelzung von Reineisen nach dem Kohlenstoffproduktionsverfahren und Kerbschlagzähigkeit-Temperatur-Kurven dieses Eisens
1957, 38 Seiten, 7 Abb., 6 Tabellen, DM 9,35

HEFT 456
Priv.-Doz. Dir. Dr.-Ing. K. Bungardt, Essen
Zeitstandversuche an austenitischen Stählen und Legierungen
1958, 84 Seiten, 3 Abb., 4 Tabellen, DM 19,85

HEFT 457
Prof. Dr. phil. F. Wever, Düsseldorf und Dr. phil. W. Wepner, Köln
Dämpfungsmessungen an schwach gereckten Eisen-Kohlenstoff-Legierungen
1957, 34 Seiten, 7 Abb., 3 Tabellen, DM 8,40

HEFT 458
Prof. Dr.-Ing. H. Schenck, Dr.-Ing. E. Schmidtmann, Aachen, Dr.-Ing. H. Kosmider, Dr.-Ing. H. Neuhaus und Dr.-Ing. A. Krüger, Haspe
Das Frischen von Thomas-Roheisen mit Sauerstoff-Wasserdampf-Gemischen und die Eigenschaften der damit erblasenen Stähle
1957, 62 Seiten, 56 Abb., DM 16,35

HEFT 459
Prof. Dr. phil. F. Wever, Dr. phil. O. Krisement und H. Schädler, Düsseldorf
Ein isothermes Mikrokalorimeter zur kinetischen Messung von Umwandlungs- und Ausscheidungsvorgängen in Legierungen
1957, 32 Seiten, 14 Abb., DM 10,75

HEFT 460
Prof. Dr. phil. F. Wever und Dr. rer. nat. B. Ilschner, Düsseldorf
Ein isothermes Lösungskalorimeter zur Bestimmung thermo-dynamischer Zustandsgrößen von Legierungen
1957, 32 Seiten, 7 Abb., 4 Tabellen, DM 10,40

HEFT 461
Prof. Dr.-Ing. habil. E. Piwowarsky †, Prof. Dr.-Ing. W. Patterson und Dipl.-Ing. F. W. Iske, Aachen
Verbesserung der Zähigkeitseigenschaften von Bessemer-Stahlguß
1958, 54 Seiten, 15 Abb., 16 Tabellen, DM 12,75

HEFT 492
Prof. Dr. phil. J. Meixner und Dr. B. Manz, Aachen
Zur Theorie der irreversiblen Prozesse in α-Eisen
1958, 22 Seiten, 1 Abb., DM 5,70

HEFT 519
Prof. Dr. phil. F. Wever, Dr. phil. W. Koch und Dr. phil. S. Eckhard, Düsseldorf
Die spektrographische Bestimmung der Spurenelemente in Stahl ohne vorherige Abbrennung
1958, 36 Seiten, 22 Abb., DM 12,60

HEFT 542
Dr. phil. nat. G. Zapf, Schwelm
Entwicklung eines Verfahrens zur Herstellung von Formteilen aus Sintermessing
1958, 44 Seiten, 23 Abb., 7 Tabellen

HEFT 552
Dr.-Ing. G. Leiber und Dipl.-Ing. D. Schauwinhold, Duisburg-Hamborn
Versuche zur Erzeugung halbberuhigten Stahles
1958, 28 Seiten, 23 Abb., 6 Tabellen, DM 11,30

HEFT 562
Prof. Dr.-Ing. H. Schenck, Prof. Dr. phil. habil N. G. Schmahl und Dr.-Ing. G. Funke, Aachen
Die Reduzierbarkeit von Eisenerzen
in Vorbereitung

HEFT 573
Prof. Dr. phil. F. Wever, Dr. rer. nat. W. Jellinghaus und Dr.-Ing. T. Shuin, Düsseldorf
Gemischt-keramische Sinterwerkstoffe aus Aluminiumoxyd und Eisen oder Eisenlegierungen
1958, 76 Seiten, 39 Abb., 17 Tabellen, DM 22,65

HEFT 586
Dr.-Ing. W. A. Fischer und Dr. rer. nat. A. Hoffmann, Düsseldorf
Verhalten von Eisen- und Stahlschmelzen im Hochvakuum
1958, 42 Seiten, 10 Abb., 13 Tabellen, DM 14,50

HEFT 597
Prof. Dr. phil. F. Wever, Dr. phil. W. Wink und Dr. rer. nat. W. Jellinghaus, Düsseldorf
Suszeptibilitätsmessungen an hochwarmfesten Legierungen auf Nickel-Chrom- und Kobalt-Nickel-Chrom-Grundlage
1958, 34 Seiten, 10 Abb., DM 12,—

HEFT 599
Prof. Dr. phil. W. Koch und Dipl.-Phys. Dr. phil. H. Sundermann, Düsseldorf
Elektrochemische Grundlagen der Isolierung von Gefügebestandteilen in metallischen Werkstoffen
1958, 50 Seiten, 26 Abb., DM 17,60

HEFT 600
Prof. Dr. phil. W. Koch, Dr. phil. S. Eckhard und Dr. rer. nat. F. Stricker, Düsseldorf
Die lichtelektrische Spektralanalyse der Gase im Stahl
1958, 54 Seiten, 27 Abb., DM 15,10

HEFT 620
Dr. rer. nat. D. Horstmann, Düsseldorf
Der Einfluß von Aluminium im Eisen- und im Zinkbad auf den Zinkangriff
in Vorbereitung

HEFT 628
Prof. Dr.-Ing. E. Siebel, Dipl.-Ing. W. Panknin und Dipl.-Ing. W. Möhrlin, Düsseldorf
Die Ermittlung der Fließkurven von Schraubenwerkstoffen
in Vorbereitung

HEFT 630
Prof. Dr. phil. W. Koch und Dr. techn. Dipl.-Ing. H. Malissa, Düsseldorf
Beiträge zur Spurenanalyse im Reineisen
in Vorbereitung

HEFT 644
Prof. Dr.-Ing. F. Bollenrath, Aachen
Untersuchung einiger mechanischer Eigenschaften von Sinteraluminium S. A. P. und S. A. P.-Avional
in Vorbereitung

Ein Gesamtverzeichnis der Forschungsberichte, die folgende Gebiete umfassen, kann bei Bedarf vom Verlag angefordert werden:

Acetylen / Schweißtechnik – Arbeitspsychologie und -wissenschaft – Bau / Steine / Erden – Bergbau – Biologie – Chemie – Eisenverarbeitende Industrie – Elektrotechnik / Optik – Fahrzeugbau / Gasmotoren – Farbe / Papier / Photographie – Fertigung – Gaswirtschaft – Hüttenwesen / Werkstoffkunde – Luftfahrt / Flugwissenschaften – Maschinenbau – Medizin / Pharmakologie / Physiologie – NE-Metalle – Physik – Schall / Ultraschall – Schiffahrt – Textiltechnik / Faserforschung / Wäschereiforschung – Turbinen – Verkehr – Wirtschaftswissenschaften.

If you have any concerns about our products,
you can contact us on
ProductSafety@springernature.com

In case Publisher is established outside the EU,
the EU authorized representative is:
**Springer Nature Customer Service Center GmbH
Europaplatz 3, 69115 Heidelberg, Germany**

Printed by Libri Plureos GmbH
in Hamburg, Germany